3D 프린팅의
이해와 전망

3D 프린팅의 이해와 전망

양동열 GIST 석좌교수, KAIST 명예교수

GIST PRESS
광주과학기술원

머리말

2010년대 초, 중반에 대표적인 경제연구소, 세계기술포럼 및 기술 리뷰지 등에서 미래를 바꾸는 파괴적인 혁신 기술로 3D 프린팅을 선정한 바 있었다. 3D 프린팅은 산업계의 많은 영역에서 제품의 생산방식을 바꿀 뿐 아니라 우리 일상생활도 바꾸고, 결국 산업과 경제에도 큰 영향을 미칠 것으로 내다보았기 때문이었다.

세계적으로 4차 산업혁명시대에 들어서면서 3D 프린팅은 새롭게 조명을 받게 되었다. 이전의 산업혁명에서 대량생산이 기술발전의 큰 획을 그었다면 이제는 작은 생산 단위 또 나아가 각 개인의 요구를 만족시키는 필요성이 대두되면서 이를 뒷받침하는 새로운 기술을 필요로 하게 된 것이다. 3D 프린팅 자체가 설계가 다른 각각의 제품을 각 단위별로 제작하는 방식이어서 개별적으로 요구되는 제품을 만들어 주는 맞춤생산(Customized manufacturing)에 부응하는 최적의 생산방법으로 부각되었다. 생산방법에 따른 형상의 제약이 없어지면서 설계자는 보다 자유롭게 소비자의 요구를 만족시키는 최적화된 설계가 가능하게 되었다. 다시 말해서 설계자는 보다 개성을 중시하고 창의적인 설계를 추구하게 된 것이다. 과거의 제조기술로는 구현이 어려운 설계의 구현이 이제는 자유롭게 3D 프린팅으로 가능하게 되었다.

이전과는 비교가 안 될 만큼 새로운 제품들이 빠르게 도입되면서 신제품의 개발 주기를 획기적으로 단축할 수밖에 없게 되었다. 이를 위해서 제품의 수요부터 설계, 시제품 제작 그리고 생산에 이르는 모든 단계를 처음부터 고려하는 이른바 동시공학(Concurrent engineering)을 구현하는 수단으로 3D 프린팅은 큰 역할을 감당하게 되었다. 대부분의 주요 전자회사들과 자동차회사들에서는 3D 프린팅의 활용이 보편화되었고 이로써 신제품 개발 주기 또한 크게 단축되었다. 1988년경부터 상용화된 프린터들이 출시되기 시작하였으나 우리나라에는 3D 프린팅 기술의 도입이 늦어지고 있어서 KAIST에서는 1990년부터 3D 프린팅의 활용을 촉진시키기 위한 연구를 시작하고, 제품기술혁신센터를 만들어 산업체에 기술을 소개하기 시작하였다. 2000년대 초에 들어와서는 세계적으로 별로 다루어지지 않는 대형 시작품의 제작을 위한 3D 프린터의 개발을 필두로 나노, 마이크로 수준의 초소형 시작품 제작을 위한 3D 프린팅 기술을 KAIST 기계공학과를 중심으로 타 기관과 협력하여 개발한 바 있다. 지금은 여러 대학들과 연구기관에서 3D 프린팅 연구가 활발하게 진행되고 있는 것은 매우 고무적이다.

3D 프린팅이 이제 산업체와 실생활에 가까이 들어와 있고 전문연구가들뿐 아니라 일반인들의 관심 또한 크게 높아져가고 있다. 이전에는 대기업들에서 주로 3D 프린팅을 활용하는 정도였으나 저렴한 3D 프린터들이 나오고 데스크톱 형태의 3D 프린터들도 시장에 속속 나오면서 중소기업들뿐 아니라 벤처기업들도 3D 프린팅을 제품개발에 활용하기 시작하였다. 국내에서도 경쟁력 있는 3D 프린터를 제작하는 전문 3D 프린터 회사들이 생겨난 것은 크게 고무적인 일이다. 이는 앞으로 3D 프린팅의 확산에 기여하게 될 것으로 생각한다.

이제는 책에서 예시한 바와 같이 일반 제조와 관련된 산업체들뿐 아니라 의료 분야를 필두로 한 소량 시작품이 필요한 항공, 우주, 방산 등에서 또 일상생활에 관련된 영화, 패션, 주방, 식료 등 수많은 분야들에서 3D 프린팅이 다양하고 보편적으로 쓰이기 시작하였다. 그런데도 불구하고 수요자를 만족시키는 제작 속도나 요구되는 물성, 정밀도 등 개선점들이 아직도 많은 실정이다. 더구나 일반인들도 3D 프린팅에 많은 관심을 가지고 있으나 3D 프린팅의 현황 파악이나 이해가 부족하여 바로 활용하기에는 어려움이 많다.

전문가들뿐만 아니라 일반인들이 3D 프린팅을 올바로 이해하고 목적에 맞는 3D 프린터를 선정하여 쓰는 데 도움이 되도록 하고자 이 책을 쓰게 되었다. 또한 3D 프린팅을 활용하고 산업기술에 쓰이는 3D 프린팅 기술의 연구자들에게도 미래의 전망이 도움이 될 것으로 생각한다.

이 책을 출판하는 과정에서 가진 시행착오를 오랜 기간에 걸쳐서 용납하고 아낌없는 도움과 따뜻한 격려를 주신 GIST 프레스의 박세미 선생님께 심심한 감사를 드리고, 텍스트뿐 아니라 수많은 그림의 편집 과정에서 엄청난 수고를 해주신 도서출판 씨아이알의 박승애 실장님께 아낌없는 감사를 표하고자 한다. 무엇보다도 실로 오랜 세월 동안 연구를 묵묵히 뒷받침해준 사랑하는 아내 최애성에게 한없는 감사를 보낸다.

들어가는 글

3D 프린팅이 최근 여러 해 동안 세계를 바꾸는 기술로 자주 언급되었고 지금도 4차 산업혁명의 중요한 기술로 부각되고 있다. 3D 프린팅은 3차원 형상정보가 있으면 이로부터 바로 3차원 형상을 직접 만드는 기술을 말하며, 우리의 일상생활과 산업에 광범위한 영향을 미치고 있다.

4차 산업혁명 시대에는 디지털 정보의 혁신적인 활용이 중요한 이슈로 대두되었는데, 3D 프린팅은 일상생활과 기업 혁신에서 디지털 혁신 측면의 중요한 기술임이 분명하다. 이전에 오랫동안, 또 지금도 3차원 형상에 대한 기하 정보를 컴퓨터를 통해서 각종 그래픽 프로그램들을 통해서 입체적으로 볼 수가 있고 이는 우리 생활 속에 광범위하게 쓰여왔다. 그러나 사람들이 제품을 미리 시제품의 형태로 직접 눈으로 보기를 원하는 사람들의 욕구는 커졌고 3D 프린팅은 바로 이를 만족시키는 좋은 수단이 되었다.

기능을 다 갖추지 않더라도 직접 형상을 보게 되면 사람들에게 제품에 대한 많은 정보와 느낌이 들게 한다. 특히 설계자가 자신이 설계한 형상을 직접 본다는 것은 많은 의미가 있다. 또한 설계자가 설계한 아이디어의 정확한 전달을 위해서도 3D 프린팅으로 제작한 3차원 형상이 필요하다. 산업에서 제품이나 부품의 형상은 새로운 기능들이 요구되면서 더욱더 복잡한 3차원 형상을 가지게 되고 기존의 제작 방법으로는 만들기가 거의 불가능한 모양도 있다. 이러한 경우에도 3D 프린팅 방법은 이미 조립이 된 형태로도 제작을 가능하게 한다. 복잡한 3차원 형상을 한 개나 또는 몇 개 제작해야 할 경우에도 보통 복잡한 3차원 가공과 조립공정을 거치기에는 제작이 번거로운 경우가 많다. 또한 기존의 금형을 이용한 제작공정을 채택하기에는 너무 많은 비용이 들어 비경제적이다. 제품의 개발 단계에서 적은 양의 시제품을 제작하는 경우나 부품의 교체가 필요한 경우에서는 3D 프린팅이 합리적인 안이 될 수 있다.

3D 프린팅이 기능면에서 실용적으로 쓰이기 위해서는 재료의 강도, 연성, 투명도, 색상 등 원하는 속성을 가지는 재질이 필요하다. 새로운 속성을 가진 재료들이 속속 개발되고 있어서 응용 영역이 계속 확장되고 있다.

차례

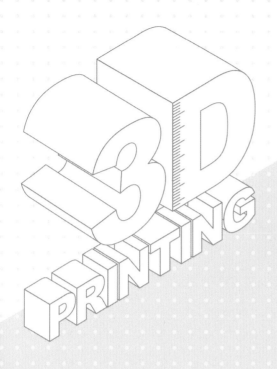

3D 프린팅의
역사와 발전

3D 프린팅의 역사와 발전

3D 프린팅이란 말은 2010년대 들어와서 널리 쓰이게 되었지만 원래 쾌속 조형(Rapid prototyping)이라는 말이 쓰였다. 3차원의 입체적인 형상을 만드는 일은 일찍이 입체적인 지도 제작에서 출발하였다고 알려져 있는데, 1892년에 Joseph E. Blanther가 종이를 오려서 순차적으로 붙이면서 쌓아 올려서 입체지도를 만든 것을 그 출발로 볼 수 있다(그림 1.1). 오늘날도 지도의 3차원 적층 제작에 많이 쓰이는 방식이다(그림

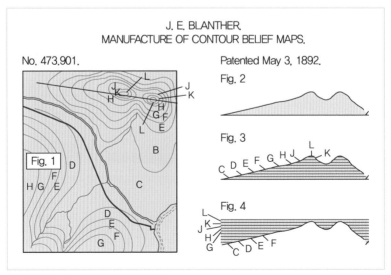

그림 1.1 Blanther의 3차원 적층 지도[2]

그림 1.2 오늘날에도 사용되는 3차원 적층 지도[3,4]

1.2). 산업적인 측면에서는 1972년에 미쓰비시자동차의 Matsubara가 빛을 받으면 경화되는 광경화성 수지(Photopolymer)를 이용한 적층방식을 제안하였고 1980년, 나고야시공업연구소의 Hideo Kodama가 광경화성 수지에 적외선을 조사하여 입체 형상을 가진 주조 모형을 만든 것이 3D 프린팅의 시작으로 보인다. 그러나 일반적으로 상업적인 쾌속 조형 공정과 본격적인 상용기계는 1984년에 Charles W. Hull에 의해서였는데,

그는 광경화성 수지로부터 3차원 형상을 만드는 공정을 특허로 제안함으로써 정밀도 높은 입체 형상을 제작하였고 이 특허에서 처음으로 STL(Stereolithography)(3차원 인쇄술) 파일 형식을 사용하는 프로토타입 시스템을 개발, 1986년에 관련 특허를 취득한 뒤 3D Systems사를 설립하고 1987년에 최초의 상업용 3D 프린터가 세상에 나오게 되었다(그림 1.3).

그림 1.3 최초의 상업용 3D 프린팅 기계인 SLA-1 (3D systems)[5]

3D 프린팅은 여러 가지 분류 방법이 있으나 적층하는 재료에 따라서 구분하는 게 보편적이다. 이에 따르면 3D 프린팅은 크게 ① 액체

를 기반으로 빛을 조사하여 고화시켜 조형하는 방식, ② 분말을 기반으로 레이저나 접착제 등 여러 가지 접합 방법을 이용하여 층으로 쌓으면서 조형하는 방식, ③ 고체를 판재로부터 잘라서 한 층씩 쌓으면서 만들거나 아니면 용용된 고체를 고화시키면서 적층하여 3차원 형상을 제작하는 세 가지 방식으로 나눌 수가 있는데, 여기서는 이 순서대로 3D 프린팅의 발달 역사를 현재까지 살펴보기로 한다.

Charles W. Hull이 1986년 3D Systems라는 회사를 설립하고 SLA (Stereolithography Apparatus의 약어)로 불리는 이른바 광조형 3D 프린팅 기계(이후 3D 프린터)를 1987년부터 상업용으로 출시하면서 전 세계적으로 3D 프린터가 3차원 형상의 제작에 쓰이기 시작하였다(그림 1.4)[6]. 그는 상품을 개발하면서 제품 형상의 3차원 형상에 대한 수치 데이터를 3D 프린터가 3차

그림 1.4 최초로 상업용으로 시판된 SLA-250 모델

원 형상을 가공해내도록 STL 파일이라는 수치 데이터를 사용하였다.

오늘날은 광조형 3D 프린터의 속도가 크게 향상되고 공간을 적게 차지하도록 설계되고 있으며, 재료 또한 다양하게 적용되어 시판되고 있다(그림 1.5).

이후에 여러 회사들이 광경화성 수지를 순차적으로 경화시키는 방식에 대해서 다양한 3D 프린터를 시장에 출시하였다. 대체로 초기의 SLA 공정은 레이저광선을 어떤 선으로 주사하듯이 점에서 점으로 선을 그리면서 비추게 되는데, 넓은 면적을 한 층씩 주사하는 데는 무척 오랜 시간이 걸리게 된다. 이러한 선형식 주사 방식을 개선하기 위해

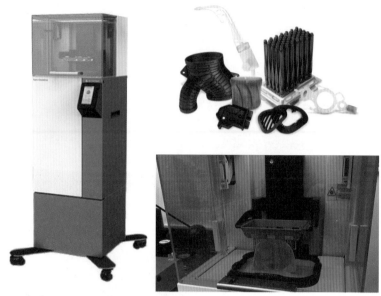

그림 1.5 최근 시판되고 있는 SLA-250 모델과 시작품

서 많은 노즐에서 액상의 광경화 수지를 선택적으로 분사함으로써 비교적 넓은 폭을 한꺼번에 정밀하게 경화시킬 수 있는 방식이 개발되었다. 이러한 방법의 선두주자는 1998년 이스라엘에서 시작한 Objet사의 Polyjet 3D 프린터로 16μm 정도의 높은 해상도를 구현하게 되었다(그림 1.6)[7].

2012년 Stratasys사에서 Objet사를 합병하여 이후 다양한 3D 프린터들을 출시하였는데, 주목할 만한 제품은 Connex라는 천연색에 가까운 색상을 구현하는 3D 프린터를 선보인 것이다(그림 1.7)[8,9].

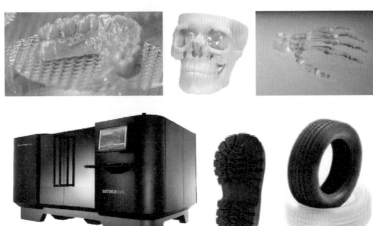

그림 1.6 Objet 3D 프린터(Eden260V, Objet1000Plus)와 시작품들[7]

Object500 Conne×3(2014, 490×390×200)

그림 1.7 천연색 및 다물질 적층을 구현한 Objet/Stratasys사의 3D 프린터 및 각종 컬러 시작품[8,9]

그림 1.7 천연색 및 다물질 적층을 구현한 Objet/Stratasys사의 3D 프린터 및 각종 컬러 시작품[8,9] (계속)

SLA 공정은 주로 광경화성 수지인 고분자 재료를 이용하여 시작품을 만들지만 유리를 SLA 공정으로 3차원 형상을 3D 프린팅하게 되면 유리의 특성 때문에 많은 이점이 있다. 이에 대한 첫 시도는 독일 Karlsruhe대학에서 행해졌는데, 순도가 높은 실리카 나노 입자에 액상의 광경화성 수지를 소량 섞은 혼합제를 광경화시킨 다음 1,300°C의 고온에서 소결하여 디바인딩(Debinding)하게 되면 용융된 실리카 유리의 3차원 시작품을 그림 1.8과 같이 얻을 수 있었다[10].

이 밖에 조형 면적을 넓혀서 어떤 크기의 면적을 한꺼번에 조사하는 DLP(Digital Light Projection)라는 3D 프린팅 방법이 등장하였는데, 이후 여러 회사에서 이러한 DLP 방식을 도입하였다. 독일에서 출발한 EnvisionTEC사의 Perfactory 3D 프린터가 그 선두 주자라고 할 수 있다

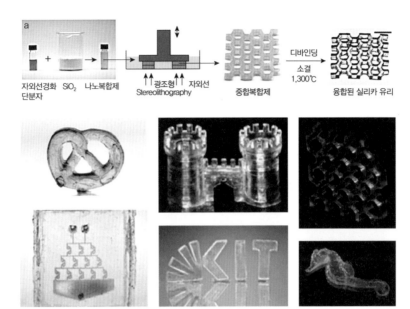

자외선경화 SiO₂ 나노복합제
단분자

광조형
Stereolithography

자외선

중합복합제

디바인딩
소결
1,300℃

융합된 실리카 유리

그림 1.8 SLA를 이용한 유리의 3D 프린팅 공정 원리 및 시작품들

envisionTEC
P4K

그림 1.9 DLP 기반의 3D 프린터(Perfactory, EnvisionTEC사)와 시작품들

(그림 1.9)[11].

이른바 DLP(Digital Light Projection)라고 부르는 기술은 DMD(Digital

Micromirror Device)라 부르는 수많은 미세 거울을 이용한 방식과 LCD 처럼 선택적으로 픽셀(Pixel)(최소의 작은 화소단위) 단위로 비추는 그림 1.10(a, b)와 같은 두 가지 방식을 사용하는데, 넓은 면적은 아니지만 전 면적을 한꺼번에 조사할 수 있기 때문에 그림 1.10(c)와 같이 점에서 점으로 스캔하는 갈바노미러(Galvanomirror)(원하는 위치에 빛이 조사되도록 기계전자식으로 반사 각도를 바꾸는 작은 거울)를 이용하는 전통적인 SLA 방식에 비해서 조형 속도를 높이는 장점이 있다[12].

| DLP-SLA | MSLA | Laser SLA |

프로젝터에 의한 빛의 선택적 조사   LCD 마스킹에 의한 빛의 선택적 조사   레이저광에 의한 선택적 조사

그림 1.10 (a) DLP 기반의 SLA, (b) LCD를 이용한 masking 기반의 SLA, (c) 갈바노미러를 이용한 일반 SLA

　　DLP를 이용한 단면 조사 방식은 바닥에서 떼어내는 데 어려움이 있을 수가 있다. 이러한 문제점을 해결하고 조형 속도를 높이기 위해 연속적으로 조형하는 방식이 최근 대두되었는데, 2015년 North Carolina 대학의 Joseph M. DeSimone 교수팀이 CLIP(Continuous liquid interface production)라고 불리는 DLP를 활용하여 연속적으로 조형하는 공정을 개발하였다. 이 공정은 기존의 SLA 주사 방식에 비해서 수십 배로 조형 속도를 올릴 수가 있었다. 이 공정에서는 투사 유리창과 조형물 사이에 이른바 산소 분리층(Oxygen inhibition layer)(실제로는 공기 중의

산소 사용)을 두어 얇은 층에 광경화가 일어나지 않게 함으로써 연속적으로 빠르게 조형을 할 수 있도록 하였다. 이 공정은 Carbon3D라는 회사를 통해서 상업화되었다. 회사 측의 발표에서는 조형 속도가 100배 정도 빠르다고 하였지만 단면적이 작은 경우는 가능하나 일반적으로 수십 배 정도로 빨라졌다고 볼 수 있다(그림 1.11)[13,14].

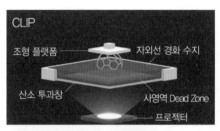

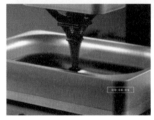

그림 1.11 CLIP 공정의 원리와 CLIP 공정 그리고 시작품들

이 공정에서는 속도를 너무 올리게 되면 냉각 측면에서 문제가 생겨서 어느 이상으로 조형 속도를 올리기 힘든 문제점이 있다. 이를 해결하고자 2019년 말에 Northwestern대학에서, 평면에서 한 방향으로 유동하는 얇은 기름층을 써서 조형물을 투사 유리창으로부터 분리시키고 동시에 적절히 냉각을 유도하여 조형 속도를 높임과 동시에 조형물의 왜곡(Distortion)도 크게 줄이는 HARP 공정(High-Area Rapid Printing)을 개발하였고 Azul이라는 벤처 기업이 상업화를 진행하고 있다(그림 1.12). 이 공정은 기존의 SLA 공정에 비해 백 배 정도 빠른 조형

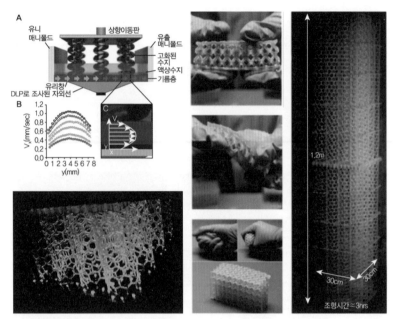

그림 1.12 HARP 공정의 원리와 시작품들

속도로 조형이 가능하고 다양한 광경화 재료를 이용할 수가 있는 장점도 있다[15,16].

광조형할 물체가 밀리미터(mm) 이하로 작아져서 마이크론(μm) 수준 및 그 이하 수준의 해상도가 필요한 광조형의 경우에는 일반적인 레이저로는 불가능하기 때문에 2양자 중합(Two photon polymerization)을 가능하게 하는 펨토초 수준의 레이저광(Femtosecond laser)을 쓰게 된다. 2000년대 초 KAIST를 비롯한 몇 연구기관에서 100나노 수준의 해상도로 마이크론 수준의 크기를 가진 3차원 형상들을 제조하는 데 성공하였다(그림 1.13)[17].

나노 및 마이크로 3D 프린팅의 최초 상업화는 Nanoscribe사에 의해서 2007년 실현되었다. 2019년에는 공업적 생산을 목표로 2광자 그레이 스케일 리소그래피 시스템을 개발하여 마이크로 렌즈 배열(그림

1.14)[18], 마이크로 광학 소자, 다층형(Multilevel) 회절 광학 소자 등을
높은 정밀도로 만드는 데 성공하였다.

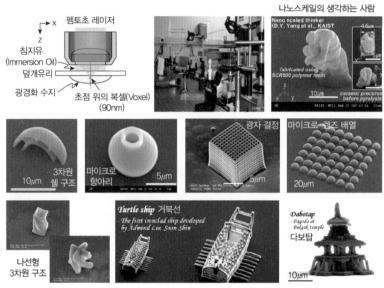

그림 1.13 나노 3D 프린팅 공정 및 장비와 초미세 3차원 시작품들

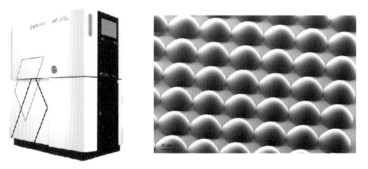

그림 1.14 2광자 그레이 스케일 리소그래피 시스템과 마이크로 렌즈 배열 시작품

광조형 3D 프린팅(SLA)이 나온 지 2년 뒤인 1986년에 Carl Deckard
와 Joe Beaman이 Texas대학에서 분말을 레이저로 국소적으로 가열함

으로써 소결(Sintering)(분말체를 어떤 형상으로 용융점 가까이 가압하면서 성형하거나 가압 없이 가열에 의한 계면 융착에 의해 서로 밀착하여 덩어리로 형성되는 가공법)하여 3차원 형상을 제작하는 선택적 레이저 소결 공정(Selective Laser Sintering, SLS)을 특허로 제안하고 DTM이라는 회사를 설립하여 상업용 3D 프린터를 출시하였다. 이 방법에서는 초기에 플라스틱 분말을 다양하게 개발하여 시작품을 만들었으며, 플라스틱의 응용이 광범위하기 때문에 플라스틱 소결 전문 SLS 3D 프린터들이 여러 가지 모델로 선을 보였다(그림 1.15)[19,20].

그림 1.15 SLS 3D 프린터와 이로부터 제작된 각종 시작품들

이후 플라스틱뿐만 아니라 세라믹, 유리 같은 재료 외에도 금속 분말을 용융시켜 소결을 시도하였으나 높은 레이저동력을 필요로 하여 위험하고 가격이 높아 일반적으로 광범위하게 쓰이지는 못하였다. 최근 들어 다양한 재료의 분말들이 생산·공급되면서 분말기능성이 요구되는 분야에서 SLS 공정이 산업적으로 응용영역을 넓히기 시작하였다. SLS 공정은 수량은 많지 않으나 기능성이 필요한 항공기, 군사, 의료 분야 등에서 널리 활용되고 있다. 이 SLS 공정은 금속 시작품의 3D 프린팅뿐만 아니라 특히 금형 분야의 응용에 괄목할 진전이 있었

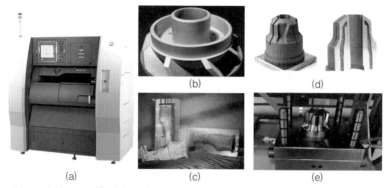

그림 1.16 (a) SLS 공정을 기반으로 한 금속 3D 프린터(Prox DMP 300, 3D Systems사), (b) 동
프린터에 의해 제작된 금속 터빈 시작품, (c) RapidSteel 2.0 분말 소재를 이용한 플라스틱
사출 금형 및 플라스틱 시작품(Source: DTM website), (d) SLS로 제작된 금형 코어, (e)
2차 공정으로 마무리 가공한 금형 코어 세트

다(그림 1.16)[21,22].

　SLS와 같은 공법이나 크기가 다른 두 가지 입자를 사용하여 20mm
의 적층 두께로 정밀도를 높이고 밀도를 높이는 직접식 금속 레이저
소결 공정(Direct Metal Laser Sintering, DMLS)이 EOS사에 의해서 개발
되어 기능성 부품의 제조에 쓰이기 시작하였다(그림 1.17)[23]. 그림 (c)에
서 뒤쪽에 있는 브라켓은 항공기에서 원래 쓰이던 알루미늄 합금 단
조품인데 앞에 컴퓨터로 경량화 설계된 브라켓 제품은 단조로서는 성
형하기 힘든 구조이나 DMLS 방식의 3D 프린팅으로 40% 경량화시킨
EADS사(European Aerospace and Defense Group) 사례다. 그림 (d)는
GE에서 본래 여러 개의 부품들을 결합하여 만드는 LEAP 제트엔진의
노즐인데, DMLS 방식 3D 프린터로 일체형 단일 부품으로 제작함으
로써 조립이 필요 없게 하고 25% 경량화시키면서 수명은 5배로 연장
시킨 사례다.

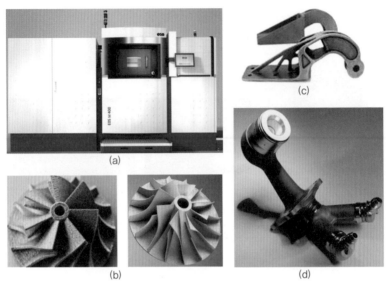

그림 1.17 (a) DMLS 방식 금속 3D 프린터(EOD M 400, EOS사), (b) 원심력 임펠러: 3D 프린팅 후와 기계 가공 후(Source: EOS), (c) 단조된 브라켓과 3D 프린팅으로 제작한 브라켓(Source: EADS), (d) DLMS 방식으로 제조된 일체형 제트엔진 노즐(Source: GE)

 한편 SLS와 유사한 공정으로 분말 베드를 쓰는 선택적 레이저 용융 공정(Selective Laser Melting, SLM)이 있다. 이 SLM은 여러 연구 그룹에서 개발을 하였는데, 1995년 Aachen의 Fraunhofer Institute에서 개발된 이후 SLM Solutions사를 포함한 여러 회사와 연구그룹에서 유사한 공정들이 개발된 바 있다. SLM 공정에서는 $20\mu m$ 크기의 금속 분말을 용융시켜 성형하기 때문에 100%의 밀도를 가지며 정밀도도 상당히 양호한 편이다. 그림 1.18에는 대표적인 SLM Solutions사의 기계와 시작품들을 보여주고 있다[24,25].

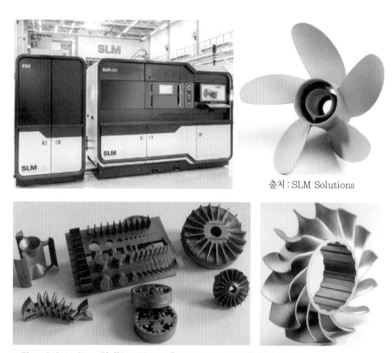

출처 : SLM Solutions

그림 1.18 SLM 3D 프린터(SLM280 모델, SLM Solutions사)와 시작품들

　일종의 SLM과 유사한 방식의 3D 프린터에는 분말 재료를 레이저 대신 전자빔(Electron beam)을 사용하는 이른바 전자빔 용융(Electron Beam Melting, EBM) 공정이 1997년에 스웨덴의 ARCAM사에서 도입하였으며 2002년 시판이 되었고, 이후 2016년에 GE Additive사에 합병되었다. 전자빔 용융의 특성상 진공 속에서 공정이 이루어져서 산화되지 않고 고강도 합금 및 초합금/난삭성 재료를 적층하기는 좋으나 표면 조도가 다소 크게 나타나 추가적인 후가공이 필요한 경우가 많다(그림 1.19)[26,27]. 이에 따라 의학 응용 분야와 항공산업 분야에 주로 쓰도록 특화되어 활용되고 있다.

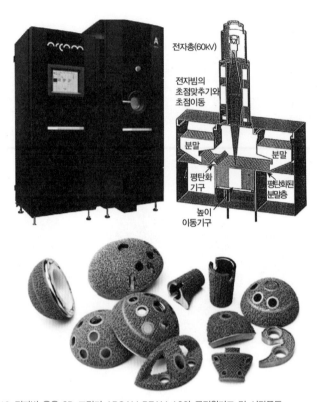

전자총(60kV)

전자빔의
초점맞추기와
초점이동

분말   분말

평탄화   평탄화된
기구   분말층

높이
이동기구

그림 1.19 전자빔 용융 3D 프린터 ARCAM BEAM A2와 공정원리도 및 시작품들

앞에서 언급한 SLS나 SLM과는 달리 분말 베드를 쓰지 않고 바로 분말로부터 레이저 같은 열원으로부터 재료를 녹여서 용융된 재료를 직접 적층하여 형상을 한 층씩 쌓아나가는 공정들이 출현하였다. 이 공정은 재료를 공급하는 방식은 다르지만 용접과 상당히 유사하다. 일반적으로 에너지 제어형 용착(Directed Energy Deposition, DED)이라고 불리고 Direct Metal Deposition(DMD), Direct Laser Deposition(DLD), Laser Metal Deposition(LMD), Direct Metal Printing(DMP), Laser Powder Deposition(LPD), Laser Deposition Welding(LDW), Powder Fusion Welding, Laser Engineered Net Shaping(LENS), Laser Consolidation, Laser Cladding

등 수많은 이름으로 서로 다른 회사들에 의해서 개발되었다. 이 공정은 SLS, SLM과 같이 분말 베드를 이용하는 공정에 비해서 속도가 빠르고 제품의 밀도가 높으며 다양한 금속재료를 쓸 수 있고 큰 제품에 응용할 수 있는 장점들이 있다. 그러나 정밀도는 분말 베드를 쓰는 공정에 비해 낮은 단점을 갖는다. DED 공정 중에서 가장 먼저 도입된 것은 Sandia National Laboratories가 1995년에 개발한 공정이다. Sandia National Laboratories와 Stanford대학이 레이저 활용 정형 가공(Laser Engineered Net Shaping, LENS)이라는 이름으로 개발한 공정을 1997년 Optomec사가 상업화하였다(그림 1.20)[28].

그림 1.20 레이저 활용 정형 가공(LENS)

오랜 용접기계 제작전문업체인 Sciaky사는 2009년 전자빔 적층 제조 공정(Electron Beam Additive Manufacturing, EBAM)이라고 불리는 금속 선재를 전자빔으로 용융시켜 직접 재료를 쌓아 나가는 3D 프린팅 공정을 개발하여 2014년부터 EBAM 3D 프린터를 출시하기 시작하였다. 이 방식은 분말 대신에 선재를 용융시켜 하는 점이 일반적인 DED 공정과 차별화된다. 이 기계는 선재를 이용한 용접 방식이어서 표면이 거칠어 적층 완료 후 기계식 후가공으로 최종 제품을 제작한다. 제품 제작 크기가 5.79m×1.22m×1.22m에 이르는 대형 산업용 부품을 생산할 수 있다(그림 1.21)[29,30].

그림 1.21 전자빔 적층제조 3D 프린터(Sciaky사) 및 공정원리도와 시작품들

한편 플라스마를 이용하여 선재를 용융시켜 직접 적층하는 Plasma Transferred Arc-Selective Free Form Fabrication(PTA-SFFF)라는 공정도 소개되었는데, 610mm×610mm(평면 방향)×5,180mm(길이 방향) 정도의 제품을 조형할 수 있다. 이 밖에도 몇 개의 회사들이 용접 방식을 이용한 여러 가지 방식의 3D 프린터들을 도입한 바 있으나 서로 간 유

사성이 많아 여기서는 다 언급하지는 않는다.

플라스틱 선재를 용융시켜 작은 구멍을 가진 노즐 헤드를 통해서 용융 압출하여 점진적으로 적층시키면서 형상을 만드는 용착조형공정(Fused Deposition Modelling, FDM)은 공정이 비교적 단순하고 레이저를 이용하는 다른 공정에 비해서 보다 저렴하게 3D 프린터를 만들 수 있는 장점이 있어서 3D 프린터들 중에서 가장 광범위하게 쓰이고 있다. 열가소성이 있는 많은 플라스틱 소재들이 선재로 비교적 저렴하게 대량생산으로 공급되고 있어서 다양한 재료들을 소재로 활용할 수 있는 이점이 있다. 용착조형공정은 1988년 Scott Crump에 의해서 개발되어 그에 의해 Stratasys사가 설립된 후 세계적으로 가장 많은 3D 프린터를 판매하였다. 2009년에 특허가 종료되어 누구나 이 공정의 방법으로 3D 프린터를 만들 수 있게 되었고 3D 프린터의 가격을 대폭 낮출 수 있게 되었다. FDM 방식의 상업용 3D 프린터들은 보통 단일 노즐을 사용하는 경우가 대부분이나 최근 들어 여러 개의 노즐을 채용하여 조형 속도를 높이는 제품들이 시판되고 있다. Stratasys사와 같은 대형 3D 프린터 제조사들은 오랜 기간에 걸쳐 개발해왔기 때문에 그림 1.22에서 보여주는 정밀도가 비교적 높은 FDM 모형이나 제품을 만들어 산업용 부품으로 직접 쓰거나 2차 공정을 위한 모형으로 쓰기

그림 1.22 자동차, 항공 분야에 쓰이는 산업용 FDM 3D 프린터와 이를 이용해 제작된 각종 부품들 모형 및 실제 쓰이는 부품들

도 한다[31,32].

그림 1.23에서는 소형 부품이나 모형들을 만들 수 있는 데스크톱 형태의 FDM 3D 프린터와 이를 이용해서 만든 시작품 사례를 보여주고 있다[32,33].

그림 1.23 Stratasys사의 Desktop 3D 프린터 그리고 색깔이 다른 고분자 선재를 이용한 모형들

Stratasys사의 FDM 특허가 풀리면서 저가 개인형(Low-cost personal) FDM 방식 Desktop 3D 프린터가 봇물 터지듯이 시장에 나왔는데, 미국의 Makerbot와 한국에선 NP-Mendel이 대표적인 저가형 3D 프린터들이다. Makerbot의 경우는 2천 달러 대, 그리고 한국의 NP-Mendel은 천 달러 대로 가격이 하락했고 요즈음은 수십만 원 대의 3D 프린터들이 나오고 있는 실정이다(그림 1.24)[33-36]. Stratasys사를 비롯해서 비교적 큰 사이즈의 정밀한 제품을 표방하는 회사들은 이른바 카르테시안

(Cartesian) 방식(그림 1.24(a))을 선호하는 편인데 제품은 하부에 안착된 상태에서 노즐이 위에 있어서 x, y 두 방향으로 정밀하게 움직이도록 제어된다. 한편 저가형 3D 프린터에서는 대체로 멘델 방식이나 델타 방식을 택하는데, 정밀도는 떨어지지만 값싸게 기계를 제작할 수가 있다. 멘델 방식은 고정된 X축으로 움직이는 지지대는 고정되어 있고 Y방향은 하부 기저판(Lower base plate)이 Y방향으로 움직이면서 제작한다(그림 1.24(b))[35]. 반면에 델타 방식은 하부 기저판은 고정되어 제품이 안착되고 노즐이 위에 설치된 평행 기구에 달린 노즐이 적층할 평면에서 움직이는 방식을 사용하는데, 정밀도는 다소 떨어지지만 제작비가 대단히 저렴한 장점이 있다. 그림 1.24(c)에 나오는 델타 방식

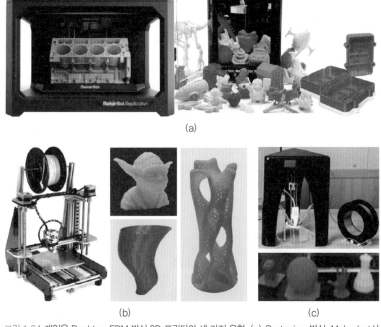

(a)

(b)   (c)

그림 1.24 개인용 Desktop FDM 방식 3D 프린터의 세 가지 유형. (a) Cartesian 방식, Makerbot사 3D 프린터와 시작품들[33,34], (b) Mendel 방식, NP-Mendel 3D 프린터와 시작품들[35,36], (c) Delta 방식, KAIDEA사 3D 프린터와 시작품들[37]

은 KAIST의 학부학생들이 KAIDEA라는 회사를 설립하여 이를 상업화하였다[37]. 저가형 3D 프린터들은 저렴한 고분자 선재를 쓰는 FDM 방식을 기반으로 개발된 것들이 대부분이다.

처음에 3D 프린팅(지금은 3D 프린팅은 부가적 적층을 이용한 모든 공정을 가리키게 됨)이라는 이름으로 불렸는데, MIT의 Emanuel Sachs 교수가 1993년에 잉크젯 프린팅(Inkjet printing) 방식을 사용하여 분말층 위에 접착제를 뿌려 결합시키는 공정을 개발하여 Soligen Technologies과 Z-Corp사에 의해서 상업화되었다. Soligen Technologies에서 1993년 모래 입자를 이용하여 모래 주형을 만드는 공정을 상업화하였으며, 이어서 1996년에는 Z-Corp사가 석회 분말부터 시작하여 세라믹 분말 등을 이용하여 적층을 하는 공정을 상업화하였고, 이 공정에서는 잉크젯 프린터처럼 컬러 인쇄가 가능하여 3차원 시제품에 총천연색 컬러로 형상을 만들 수 있게 되었다(그림 1.25(a, b)). 2012년에

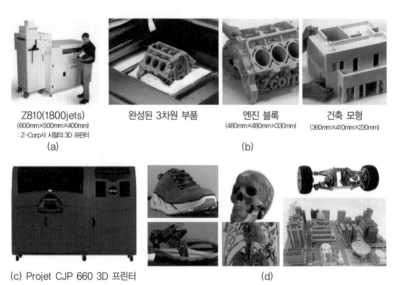

Z810(1800jets)
(600mm×500mm×400mm)
: Z-Corp사 시절의 3D 프린터
(a)

완성된 3차원 부품

엔진 블록
(480mm×480mm×330mm)
(b)

건축 모형
(360mm×410mm×230mm)

(c) Projet CJP 660 3D 프린터   (d)

그림 1.25 접착제를 이용한 잉크젯 방식의 Z-Corp사의 대의 3D 프린터와 3D Systems사에 인수된 후의 3D 프린터와 해당 시작품들

3D Systems사가 Z-Corp을 인수하면서 ProJet CJP(Color Jet Printing)이라는 브랜드로 컬러 기능을 크게 향상시켜 저렴하게 여러 가지 제품 모델을 만들 수 있게 되었다(그림 1.25(c, d)). 한편 이 공정의 특이한 응용으로는 금속 분말을 접착제로 붙인 후에 열을 가하고 청동을 용침(Infiltration)시켜서 밀도를 높인 금속 부품을 만드는 방법을 도입한 것이다.

잉크젯 방식으로 접착제를 사용한다는 점에서 위의 분말 기반 공정과 유사하나 상당히 차이가 있는 공정으로 Hewlett Packard사의 멀티젯 용착(Multi jet fusion) 공정을 들 수 있다. 여기서는 제품 정밀도를 높이고 생산성을 높이기 위해서 얇은 분말 재료층을 종 방향으로 균일하게 적층한 다음 바로 측 방향에서 들어오는 가열 유닛이 균일한 열을 표면에 가한 후, 원하는 부위에 융합제(Fusing agent)를 뿌려 원하는 부위의 형상을 정밀하게 제작함으로써 정밀도와 조형 속도를 크

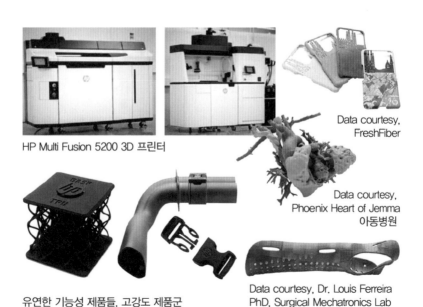

HP Multi Fusion 5200 3D 프린터

Data courtesy,
FreshFiber

Data courtesy,
Phoenix Heart of Jemma
아동병원

유연한 기능성 제품들, 고강도 제품군

Data courtesy, Dr. Louis Ferreira
PhD, Surgical Mechatronics Lab

그림 1.26 멀티젯 용착 방식의 3D 프린터와 이로부터 만든 각종 시작품들

게 향상시켰다. Hewlett Packard사는 이 공정의 생산성을 고체를 이용한 기존 공정들에 비해서 10배 정도로 향상시키고 제품의 기능성을 크게 개선하였으며, 이 공정을 통해 제품의 빠른 생산에 한걸음 더 가까이 갔다고 보고하고 있다(그림 1.26)[41].

박판적층제조(Laminated Object Manufacturing, LOM) 공정은 Michael Feygin이 1988년에 시작품을 제작하고 Helisys(2000년에 Cubic Technologies에서 생산)에 의해서 1990년에 상업화된 3D 프린터가 제품으로 팔리기 시작하였다(그림 1.27)[42]. 이 공정에서는 종이를 레이저로 잘라서 한 층씩 접착시켜 쌓는 방법으로 적층되면 나무 같은 질감을 느낀다. 이와 유사한 공정으로 일본의 Kira사는 Paper Lamination(PLT)라는 공정 이름으로 일반 종이를 칼로 잘라서 접착하여 적층하는 공정을 상업화

LOM 2030(1996, 815×550×508)

LOM 1015
(1992, 380×250×350)

그림 1.27 Helisys사의 LOM 방식 3D 프린터와 시작품들

했고, Israel의 Solido Inc.(원래 Solidimension이라는 회사명으로 시작)도 칼을 쓰는 방식이면서 종이나 플라스틱 박판 사이에 접착제 대신 층간의 플라스틱 필름을 용매로 녹여 붙이는 방식을 사용한 3D 프린터를 개발·시판하였다(그림 1.28)[43].

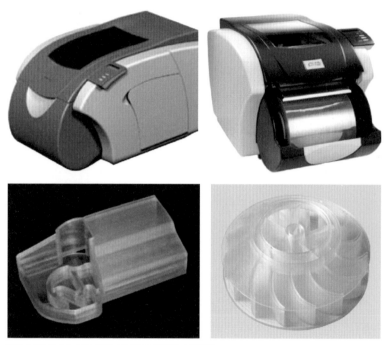

그림 1.28 Solido사의 데스크톱 3D 프린터와 시작품들

2005년 Conor MacCormack과 Fintan MacCormack은 Selective Deposition Lamination(SDL)라고 부르는 종이 기반의 3D 프린팅 공정을 개발하였는데, 아일랜드에서 시작한 Mcor Technologies사(2019년 CleanGreen사로 양도됨)는 칼과 수용성 접착제를 쓰면서 컬러 잉크젯 프린터로 천연색을 구현하는 제품도 시장에 출시하였다(그림 1.29)[44,45].

MrcorArke IRIS HD

CG-1,
CleanGreen3D사

그림 1.29 칼과 수용성 접착제를 이용한 Mcor사의 3D 프린터와 시제품들과 새로 이어받은 Clean Green3D사의 3D 프린터

그런데 종이를 이용하여 적층하는 방법은 종이의 두께가 얇기 때문에 체적이 큰 제품을 조형하려면 적층하는 데 오랜 시간이 걸린다는 단점이 있다. 큰 물체의 조형을 위해서 스티로폼(Styrofoam) 판재같이 두꺼운 판재를 경사지게 잘라서 경사를 연속적으로 바꾸면 비교적 부드러운 3차원 형상을 제작할 수가 있다. 얇은 세라믹 판재와 금속 판재를 레이저로 한 장씩 잘라서 접합시키는 공정을 상업화한 CAM-

LEM사는 6mm 정도의 두꺼운 스티로폼 판재를 레이저로 잘라서 붙이는 공정을 개발한 적이 있는데, 층간의 경사가 불연속이어서 결국 상업화에는 성공하지 못하였다(그림 1.30)[46]. 스티로폼 판재가 워낙 싸기 때문에 기계도 저렴해야 하나 레이저 기반의 기계는 고가일 수밖에 없는 문제가 사업화를 가로막은 이유 중의 하나였다. 한편 TRYSURF사는 레이저 대신 워터젯(Waterjet)을 이용하여 스티로폼 판재를 경사지게 잘라서 접합시키는 공정을 선보였는데, 이 공정 역시 공정이 번거로워 상업화에는 성공하지 못하였다.

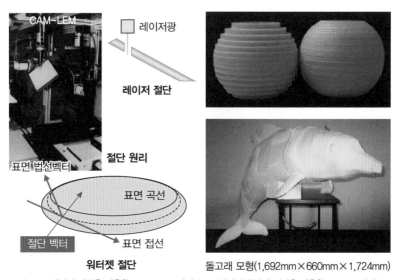

그림 1.30 레이저 커팅을 이용한 CAM-LEM사의 3D 프린터와 워터젯 커팅을 이용한 Trusurf사의 3D 프린터

KAIST에서는 2004년에 레이저나 워터젯보다 훨씬 저렴하고 간단한 절단 방법인 열선(Hot wire)을 이용한 절단 방법을 도입하여 스티로폼 판재의 새로운 가변 적층 제조 공정(Variable Lamination Manufacturing, VLM)을 상용화한 바가 있다(그림 1.31)[47]. 열선을 쓸 때에는 균일한 전

류가 흘러서 절단 시에 균일한 절단 폭을 유지해야 하는데, 평행사변형 기구를 사용하여 이를 구현함으로써 저렴하게 대형 시작품을 제작할 수가 있었다.

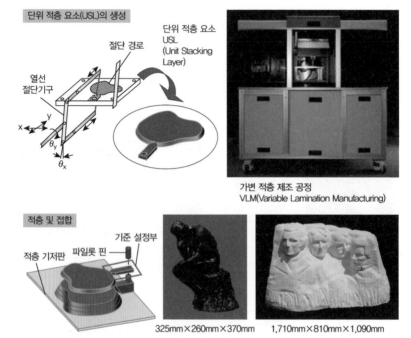

그림 1.31 열선을 이용한 KAIST의 VLM 3D 프린터 및 대형 시작품들

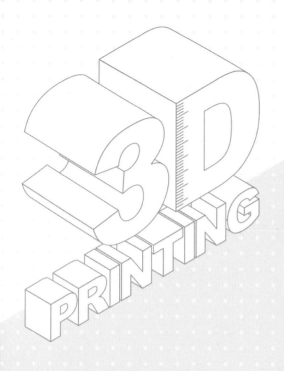

3D 프린팅을 위한 준비와
관련 지원 기술

3D 프린팅을 위한 준비와
관련 지원 기술

3D 프린터가 있으면 바로 원하는 모양을 제조할 수 있는 것은 아니다. 조각가가 3차원 형상을 조각해서 만들 때는 조각가는 머릿속에서 상상하는 입체적인 모양을 아무런 데이터 없이 손으로 조각하면서 바로 형상을 만들어낸다. 그러나 조각하는 작업을 기계에게 시키려면 덩어리 소재로부터 깎아내는 공작기계(Machine tool)는 3차원 형상 데이터를 필요로 한다. 이를 수치제어(Numerical Control, NC)라고 부른다. 마찬가지로 재료를 깎지 않고 반대로 적층하여 만드는 3D 프린터의 경우도 제작할 형상의 3차원 데이터를 필요로 한다.

일반적으로 어떤 물체의 표면을 수학적으로 표현할 수 있으면 컴퓨터 지원 설계(Computer-Aided Design, CAD)를 하게 되는데, 컴퓨터에서 상업용 소프트웨어를 써서 작업을 하여 이른바 3D CAD 데이터를 만들게 된다. 3D 프린터가 재료를 한 층씩 적층시키는 작업을 수행하기 위해서는 제품의 적층할 단면에 나타난 재료의 충진 면적에 해당하는 기하적 데이터를 각 단면에 대해서 제공해야 한다. 일반적으로 그렇게 하기 위해서는 단면의 영역 경계선만 주면 되는 것이 아니라 재료가 차 있는 입체적 CAD 데이터가 필요한데, 이를 솔리드 모델(Solid model)이라고 부른다. 이것을 컴퓨터에서 작업하는 프로그래

밍(CAD programming)을 솔리드 모델링(Solid modelling)이라고 한다. 솔리드 모델링은 입체적인 기하 형상이 수학적으로 표현되는 것을 의미한다.

그러나 우리가 제작하기를 원하는 형상은 수학적으로 꼭 표현할 수 있는 것만은 아니다. 즉, 솔리드 모델링으로 구하기 어려운 모양(자유 형상)이 주어지는 경우도 허다하다. 이러한 경우에는 부득이 표면을 수많은 점(Cloud data)으로 표현하여 단면의 수치적 데이터를 제공해야 한다.

우리가 마음속에 상상하는 3차원 형상이 있다고 하자. 이를 실제 형상으로 제작하기 위해서는 앞에서 언급한 솔리드 모델링을 하여 3D CAD 데이터를 얻으면 상업용 변환 소프트웨어를 이용하여 다음에 설명하는 이른바 STL 파일 형태로 3D 프린터에 입력하여 3차원 형상이 고체화된 시작품을 얻을 수가 있다(그림 2.1).

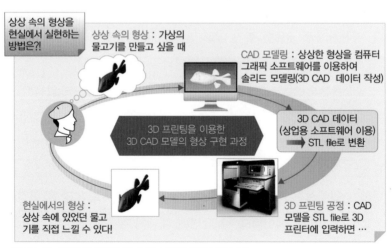

그림 2.1 3D 프린팅을 이용한 3D CAD 모델의 형상 구현 과정

또 다른 방법으로 우리가 똑같이 재현하고자 하는 3차원 형상이 수치 데이터 없이 조각품 형태로 있다고 하자. 예컨대 로댕의 '생각하는 사람' 조각품이 고체 형상으로 주어져 있다면, 우선 표면 형상 데이터를 취득하는 기계인 스캐너를 사용하여 조각품의 3차원 표면을 무수한 점들로 표현하는 이른바 스캔 데이터(Scan data)를 얻는다. 그리고 상업용 변환 소프트웨어를 통해서 3D 프린터에 이른바 'STL 파일'(뒤에 상술함)을 입력하면 3D 프린팅을 통해서 주어진 형상과 같은 복제된 형태로 만들 수 있다(그림 2.2). 물론 변환 소프트웨어에서 크기를 바꾸거나 형상을 어느 정도 바꿀 수도 있다.

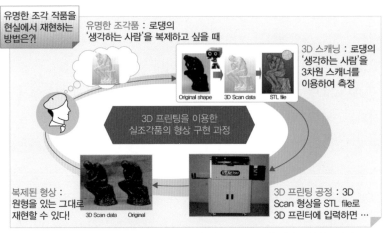

그림 2.2 3D 프린팅과 3D 스캐닝을 이용하여 자유형상을 가진 조각품을 형상 구현하는 과정

수학적으로 면이 표현되는 솔리드 모델링(Solid modelling)의 경우나 면이 점들로만 표현되는 스캔 데이터의 경우 두 가지 모두 3D 프린터에 각 층별로 단면 데이터(Slice data)를 공급하려면 어떤 단면 높이에서 적당한 간격을 가지고 배열된 단면 점들로 다시 재구성해야 한다. 그런데 두 가지 모두 3D 프린터 기계로서는 바로 쓸 수 없는

데이터여서 항상 새로운 작업이 필요하게 된다. 이러한 문제 때문에 두 경우 다 쉽게 단면 데이터를 찾기 쉽게 하는 표준 작성법이 필요하게 되었다. 이 표준 작성법에서는 3차원 표면이 수학적인 곡면이든 또는 여러 점들로 표시되었든 간에 표면을 삼각형으로 재구성하게 되며, 단면에서 필요한 어떤 점이든 각 삼각형에 대한 선형적인 내삽법 (Bilinear interpolation)에 의해서 쉽게 찾아낼 수 있다. 그리고 면이 물체가 차 있는 외면인지 아니면 비어 있는 공간을 향하는 면인지는 삼각형의 단위 수직 벡터(Unit normal vector)로써 바로 결정할 수가 있기 때문에 각 삼각형마다 세 개의 꼭짓점의 3차원 위치 데이터와 면의 단위 수직 벡터만 있으면 된다. 이렇게 3차원 물체의 표면(속에 있든 밖에 있든)을 수많은 삼각형으로 구성하는 표준 데이터 파일 방식을 이른바 STL 파일이라고 부르며, 모든 3D 프린터는 가공 시 이 STL 파일을 받아들여 작업을 하게 되는 것이다.

3D CAD는 개발 초창기에 많이 사용하였듯이 3차원 형상에서 구성되는 3차원 면들을 직선과 곡선의 경계선들로 구성하여 형상을 표현해주는 와이어 모델(Wire model)이 있고 고체의 내부가 채워져 있는 입체 모델(Solid model) 그리고 고체 표면의 데이터로만 보여주는 표면 모델(Surface model) 등 주로 세 가지가 있다. 대부분의 STL로 변환해주는 소프트웨어들은 3차원 입체 모델을 대상으로 하고 있는데, 솔리드 모델링 소프트웨어들은 그림 2.3에서 보는 것처럼 아주 세밀하고 복잡한 산업용 제품 형상을 취급하여 큰 용량의 컴퓨터가 필요한 대용량 데이터를 다루는 대형 솔리드 모델링 소프트웨어로 여러 회사들이 세계 시장을 분할하여 제공하고 있다.

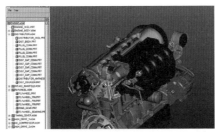
Pro-Engineer

NX I-DEAS*

CATIA

Unigraphics* *SIEMENS에 병합됨

그림 2.3 대용량 입체 모형을 다루는 대표적 솔리드 모델링 소프트웨어

전술한 대용량의 데이터를 취급하는 3D 모델링 소프트웨어들과는 달리 보다 사용이 간편하고 보편적으로 쓸 수 있는 3D 솔리드 모델링 소프트웨어들과 3D 곡면 모델링 소프트웨어들을 그림 2.4에 예시하였다(53-56). 3DS MAX나 RHINO3D 같은 곡면 모델링 소프트웨어들도 STL 파일로 변환하는 소프트웨어를 연계 제공하고 있다.

CAD 모델링을 취급하는 모든 상업용 프로그램 판매회사들은 CAD 데이터로부터 STL 파일로 바꾸어주는 변환 프로그램을 제공하고 있다. 일단 3D 모델링이 기능한 상업용 CAD 소프트웨어들을 사용하여 3차원 솔리드 모델링 데이터로부터 STL 파일을 공급받으면 바로 3D 프린터에서 시작품을 만들어낼 수 있다. 그러나 3D 스캔으로부터 구해진 수많은 점들로 구성된 구름 데이터(Cloud data)의 경우는 STL 파일로 만들기 위해서는 데이터를 STL 파일로 가공하여 바꾸어주는 별

솔리드모델러(SolidWorks)　　　　　솔리드모델러(Autodesk Inventor)

표면모델러(3DS MAX)　　　　　표면모델러(Rhino3D)

그림 2.4 간편하게 많이 쓰이는 솔리드 모델러와 표면 모델러들

도의 소프트웨어가 필요하다. 세계적으로 가장 널리 쓰이던 소프트웨
어는 2000년에 INUS기술사가 상업화한 RapidForm이 대표적이다. 이
회사는 3D Systems사에 2012년 매각되어 현재는 Geomagic이라는 제품
으로 판매되고 있다(그림 2.5)[57,58].

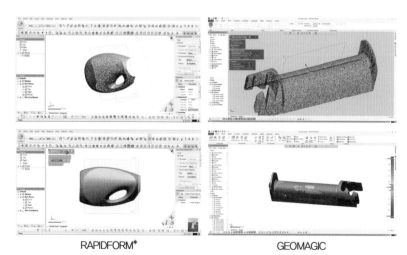

RAPIDFORM*　　　　　　　　GEOMAGIC

그림 2.5 RAPIDFORM(3D Systems사에 매각됨)과 GEOMAGIC의 역공학(Inverse Engineering)

3D 스캐닝에 의해서 데이터를 얻어서 STL 파일을 만드는 방법의 장점은 설계 시 일일이 수학적인 방법으로 많은 시간을 들여 3D CAD 데이터를 만들지 않더라도 어떤 3차원 형상의 물체가 있다면 이것의 표면을 이른바 스캐닝(Scanning)이라고 하는 표면 점들의 순차적 취득 수단을 통하여 비교적 용이하게 STL 파일을 만들 수가 있다. 실제 물체로부터 표면 데이터를 얻도록 해주는 기계를 스캐너(Scanner)라고 부른다. 이런 스캐너를 통해서 실제 물체의 표면 데이터를 취득해서 이를 설계나 3D 프린팅에 쓸 수 있도록 3차원 형상의 디지털 데이터를 생성하는 일련의 과정을 역공학(Reverse engineering)이라고 칭하고 있다. 기존 물체의 일부 데이터를 바꾸는 작업도 앞에 언급한 스캔 데이터 가공 소프트웨어를 통해서 어느 정도 가능하다(그림 2.6).

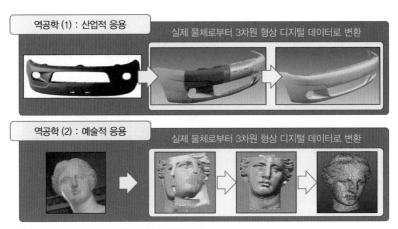

그림 2.6 역공학의 산업적 응용과 예술적 응용 사례

3차원 물체의 표면 데이터를 취득하는 3D 스캐닝 방법은 접촉식과 비접촉식으로 크게 나뉘는데, 접촉식은 3차원 좌표 측정기(3D Coordinate Measuring Machine, CMM)를 이용하여 탐침(Probe)이 물체 표면을 접촉하면서 정해진 곡선을 따라 움직이면서 측정한다. 스캐닝 방법 중에는 가장 정확한 측정 방법이며 미크론 이하까지 측정이 가능하나 단단한 물체에 적용이 가능하고 측정 시간이 너무 오래 걸린다는 단점이 있다. 작은 물체는 CMM 측정기로 측정하면 되지만 큰 물체의 경우는 이동이 용이한 로봇 팔과 같은 다관절 표면 좌표 측정기를 이용한다(그림 2.7).

그림 2.7 고정형 표면 측정 3차원 좌표 측정기와 이동형 다관절 팔을 가진 3차원 좌표 측정기

비접촉식 방법에는 측정 원리에 따라서 여러 가지 방법들이 있다. 여기서는 대표적으로 크게 두 가지 방법을 기술한다. 한 가지는 레이저로 표면을 스캔하여 측정하는 방법인데, 측정 속도가 빠르고 안정적이며 방법이 유연하나 측정 정밀도는 다소 떨어져 0.1mm 정도의 해상도까지 측정할 수가 있다. 광학적 탐침 방식은 각 점의 위치를 파악하는 방식인데, 표면 조도 측정 등에는 쓰이나 역공학 목적으로는 초기

에 썼으나 요즈음은 광삼각법(Optical trigonometry)을 활용한 레이저 선주사(Line scanning) 방식이 주로 쓰이고 있다. 레이저 스캐너는 휴대용도 많이 나와 있어서 작업 현장에서도 쉽게 이용할 수 있다(그림 2.8)[62-64].

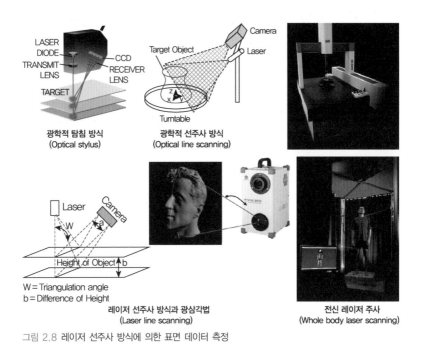

그림 2.8 레이저 선주사 방식에 의한 표면 데이터 측정

비접촉 방식에는 백색광을 이용하여 광간섭법(Light interferometry)으로 표면 데이터를 얻는 방법도 널리 쓰이고 있는데, 정밀도는 레이저보다 높은 편이나 주변 빛에 의해서 간섭을 받는 문제점도 있다. 보통 두 개의 카메라를 써서 측정하는 경우가 많으나 한 개의 카메라를 여러 각도로 찍거나 동영상을 찍어서 3차원 스캔 데이터를 만들어낼 수도 있다(그림 2.9)[65-67].

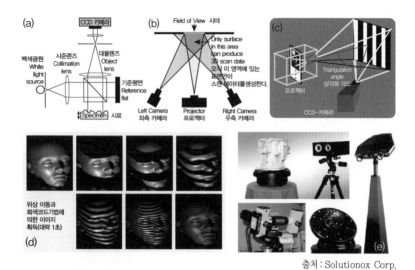

출처 : Solutionox Corp.

그림 2.9 (a) 광간섭의 원리, (b) 두 카메라에 의한 광간섭 스캐닝, (c), (d) 패턴 투사와 위상 이동에 의한 광간섭 스캐닝, (e) 광간섭을 이용한 3차원 형상의 스캐닝 장비

　　예술 작품처럼 임의의 자유 곡면을 가진 경우에는 앞에서 설명한 레이저 스캐닝이나 광간섭을 이용한 광학적 방법을 이용한 표면 스캐닝을 행하면 그림 2.10과 같이 물체의 표면을 이른바 구름점(Cloud points)이라 부르는 수많은 점들의 집합체로 표현할 수 있다. 이 데이터로는 바로 3D 프린터로 3차원 형상을 제작할 수가 없기 때문에 앞서 기술한 변환 소프트웨어(Transform software)를 통해 물체 표면을 수많은 삼각형들로 재구성하는 STL 파일을 3D 프린터에 입력하면 원하는 3차원 시작품을 얻게 된다.

　　요즈음은 휴대폰으로 물체 주위를 동영상으로 찍어서 3D 스캔 데이터를 만드는 소프트웨어들이 상업화되어 있어서 편리하게 비교적 큰 물체들도 스캐닝하여 3차원 형상 데이터를 얻을 수 있다(그림 2.11)[68,69].

3차원
스캐너

원본 모양

데이터 변환
소프트웨어:
RapidForm®

3차원
스캔 데이터

STL 파일

그림 2.10 광학적 3D 스캐너로 스캔하여 얻은 구름점 데이터와 이를 변환 소프트웨어를 통해 얻은 STL
데이터

MobileFusion/Microsoft

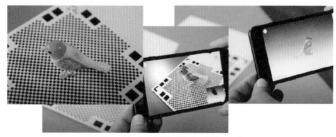

Qlone/EyeCue Vision Technologies Ltd

그림 2.11 휴대폰을 이용한 3차원 표면 데이터 생성

이 밖에 특수한 경우로 건물이나 산과 같이 큰 물체의 경우는 레이저를 이용한 이른바 Time-of-flight법(레이저 광선이 물체에 부딪쳐 돌아오는 시간차를 이용하여 3차원 형상 데이터를 산출해내는 방법)을 이용하여 스캔 데이터를 작성할 수 있는 방법이 상업화되어 있다(그림 2.12)[70,71].

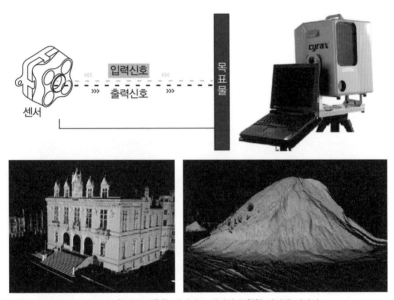

그림 2.12 Time-of-Flight원리를 이용한 레이저 스캐너와 구현한 피사체 이미지

의료 분야에서는 일찍부터 각종 인체 스캐닝 방법들이 개발되어왔기 때문에 전문 상업용 소프트웨어를 통해서 비교적 용이하게 각 층의 3차원 스캔 데이터를 구하고, 이로부터 MIMICS, BioBuild 등과 같은 상업용 소프트웨어들을 통해서 STL 파일을 만들어낼 수가 있다. 인체나 내부를 볼 수가 없는 물체의 경우 X-ray CT에 의해서 복잡한 내부 형상 데이터를 얻을 수 있다. MRI나 PET의 경우도 X-ray와 마찬가지로 어떤 일정 간격을 두고 수많은 내부 단면 데이터를 취하기 때

문에 이로부터 내부의 3차원 입체 데이터를 생성해낼 수가 있다(그림 2.13). 그림 2.13에서 보여주는 것처럼 내부 모양을 볼 수 없는 부품의 각 단면을 산업용 CT 기계를 이용하여 외곽뿐 아니라 내부의 각 단면 데이터를 구할 수가 있다.

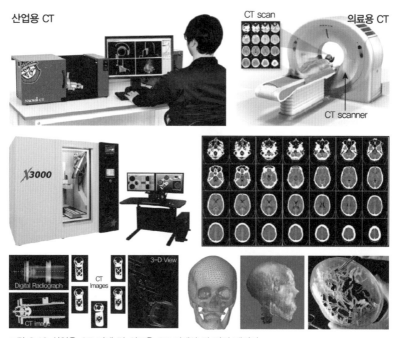

그림 2.13 산업용 CT 기계 및 의료용 CT 기계와 각 단면 데이터

주요 3D 프린팅 기술

주요 3D 프린팅 기술

3D 프린팅은 재료를 적층하는 방법에 따라 분류할 수도 있고(그림 3.1), 또는 어떤 재료를 사용하느냐에 따라 분류할 수도 있다.

적층하는 방법으로 분류하는 경우에 보통 ① 화학 반응 여부에 따라 광조형(Stereolithography)(대표적으로 SLA) 방법이나 플라스틱 재

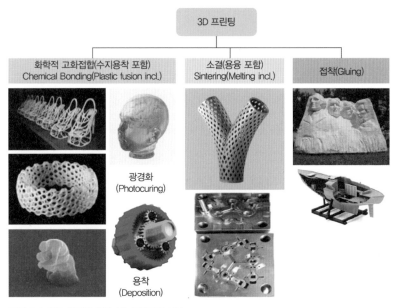

그림 3.1 적층 방식에 의한 3D 프린팅의 분류

료의 용융에 의한 용착(FDM), ② 분말 재료의 소결(Sintering)에 의해 적층하는(SLS) 방법, ③ 접착제(Adhesive/Glue)를 이용한 고체의 접합(Gluing)에 의해 적층하는 방법(대표적으로 LOM, 잉크젯 프린팅에 의한 분말 접합 방식 등)의 세 가지 유형으로 나누어 분류할 수가 있다. 그러나 금속 분말이나 금속 선재의 직접 용융에 의한 적층 방식이 여러 가지 개발되면서 이러한 분류 방식은 일반성이 부족하므로 초기에 어떤 소재를 쓰느냐에 따른 분류 방식이 더 포괄적이라고 생각된다. Chua와 Leong은 최근에 액체, 고체, 분말 소재로 분류하는 것을 제안하였으며[77] 여기서는 다음과 같이 소재에 기반하여 세 가지 유형으로 분류하기로 한다.

① 액체 소재 기반 3D 프린팅(대표적 공정: SLA)
② 고체 소재 기반 3D 프린팅(대표적 공정: FDM, LOM)
③ 분말 소재 기반 3D 프린팅(대표적 공정: SLS, SLM)

3.1 액체 소재 기반 3D 프린팅

제1장에서 언급한 바와 같이 액체 소재 기반의 3D 프린팅은 모든 3D 프린팅 공정들 중에서 제일 먼저 1987년 상업화된 광조형 공정이 대표적이며 오랜 기간에 걸쳐서 다양한 3D 프린터들이 시장에 나와 있다. 광조형 공정은 레이저 광선이나 자외선을 받으면 경화가 되는 액체 상태의 광경화 수지(Photopolymer)를 이용하여 3차원 형상의 시제품을 만든다.

주사방식의 광조형 공정(Scanning type Stereolithography, SLA)

광경화의 원리는 고분자 단위체(Monomer)와 광개시제(Photoinitiator)의 혼합체(강도와 다른 물리적 특성을 위해서 다른 화학적 첨가제도 들어간다)로 구성되어 액조(Liquid vat)에 담긴 액체 상태 소재의 표면에 자외선 영역의 광선을 비추면 조사된 영역에 있는 이 액체가 중합 반응(Polymerization)을 일으켜서 가교(Cross-linking)가 일어난 가교 고분자(Polymer)로 바뀌면서 고화(Solidification)가 일어나 조사가 진행되는 방향으로 어떤 입체적인 구조를 형성하게 된다[78,79].

처음 상업화를 본격적으로 진행한 3D Systems사가 이름을 붙인 SLA(Stereolithography Apparatus) 공정은 널리 쓰이고 있어서 SLA 공정으로 부르기로 한다. 이렇게 빛을 받으면 중합 반응을 일으켜 고화되는 광경화 수지가 여러 가지 개발되었는데, 수지 종류에 따라서 X-ray, 자외선, 백색광, 전자빔 등 여러 종류의 광선이 사용되고 있다. 대부분의 상업용 광조형기에서는 자외선 영역의 광선을 주로 사용하고 있으며, 광빔(Light beam)을 위해서 레이저를 조사시켜 광조형하는 3D 프린터들에서는 대체로 헬륨-카드뮴 레이저나 아르곤 이온 레이저 등이 사용된다. SLA와 같이 집속광에 의한 주사(Scan) 방식을 쓰지 않는 3D 프린터의 경우에는 레이저를 쓰지 않는 사례들도 있다.

그림 3.2는 광조형 공정의 원리도이다. 액조에 들어 있는 엘리베이터라 불리는 기저판의 높이를 액조의 액상 광경화 수지 표면 가까이 올려서 액체 수지층의 두께가 충분히 얇아지면 레이저광에 주사된 영역이 기저면에 붙어 구조물을 만들 준비를 하게 된다. 기저면과 액체 표면과의 간극은 추후 엘리베이터가 아래로 내려가는 간격과 같으며 SLA의 경우 보통 0.125~0.15mm 정도로 제어된다. 한 층 전체가 선택적으로 레이저 광선에 노출되어 굳어지면 표면을 고르기 위해 한쪽에 대기하고 있는 표면 고르개 블레이드(Sweeping wiper blade)가 이동하

여 굳어진 표면을 고른다. 다음 엘리베이터가 설정한 단위 간격만큼 아래로 내려가서 다음 광 스캔에 대비한다. 그러면 다시 레이저광이 스캔을 시작하고 이러한 과정이 계속 반복된다. 광 스캔은 보통 갈바노미러(Galvanomirror)를 이용하여 주사 속도를 높이는 방식을 사용한다. 시작품 전체가 주사되면 엘리베이터를 올려서 시작품에 묻어 있는 광경화 수지 액체를 흘러내리게 한 다음 가열로(Oven)에 넣어서 덜 굳은 부분을 완전히 굳게 하는 과정을 거친다.

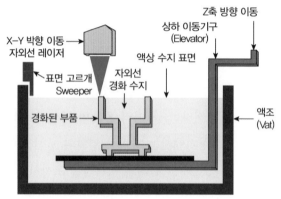

그림 3.2 광조형의 원리

시제품의 구조가 기역자(ㄱ)처럼 액체 속에 떠 있어 밑에서 받치는 부분이 없는 경우(Overhang)에는 그냥 액체 위에 위치한 곳에 주사를 하면 충분히 굳지 않은 부분이 가공 과정 중에 자중에 의해 아래로 휘어 변형되는 일이 발생한다. 모양이 복잡하게 되면 정밀한 최종 시작품을 얻기 위해서는 이러한 지지 구조물(Support structure)을 설계하는 소프트웨어의 도움이 필요하다. 대부분의 SLA 방식을 채용하는 상업용 3D 프린터 제작회사들은 지지 구조물을 설계하는 다양한 방식의 소프트웨어들을 제공하고 있다. 이러한 지지 구조물은 나중에 시

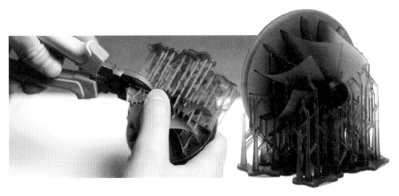

그림 3.3 지지가 필요한 형상에 대한 지지 구조물과 제거 과정

작품이 손상되지 않도록 조심스럽게 손으로 제거를 해주어야만 한다
(그림 3.3)[81,82].

점에서 점으로 주사하는 전통적인 SLA 방식은 한 단면을 수많은
주사선으로 레이저 조사점을 계속 옮겨야 되기 때문에 어느 정도 높
이를 가진 시작품을 제조하기 위해서는 많은 시간이 소요되는 문제점
을 가진다. 가공 속도를 높이기 위한 노력의 일환으로 한 면을 한꺼번
에 조사하는 방안이 강구되어 여러 회사에서 이 방식을 3D 프린터에
도입하였다.

한 개의 면을 한꺼번에 조사하는 방식으로서 이른바 DLP(Digital Light
Projection)라고 부르는 기술은 DMD(Digital Micromirror Device)라고 불
리는 수많은 작은 미세 거울을 이용한 방식과 LCD처럼 선택적으로
픽셀 단위로 비추는 그림 3.4(a, b)와 같은 두 가지 방식을 사용하는데,
넓은 면적은 아니지만 전 면적을 한꺼번에 조사할 수 있기 때문에 그
림 3.4(c)와 같이 점에서 점으로 스캔하는 갈바노미러를 이용하는 전
통적인 SLA 방식에 비해서 조형 속도를 높이는 장점이 있다[83,84].

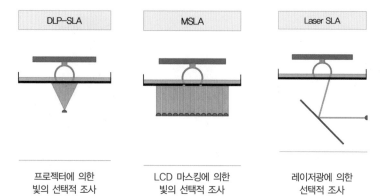

| DLP-SLA | MSLA | Laser SLA |

프로젝터에 의한   LCD 마스킹에 의한   레이저광에 의한
빛의 선택적 조사   빛의 선택적 조사   선택적 조사

그림 3.4 (a) DLP 기반의 SLA, (b) LCD를 이용한 masking 기반의 SLA, (c) galvanomirror를
이용한 일반 SLA

    DLP 방식이나 MSLA(Masked SLA) 방식으로 한 면을 조사시켜 한 층을 조형하더라도 다음 층을 높이 방향으로 일정 간격만큼 올린 후에 또 한 층을 새롭게 조사시키게 된다. 일반 SLA 공정의 경우 새롭게 형성된 면을 고르는 공정까지 고려하면 층간에 소요되는 시간이 큰 시간 비중을 차지한다. 만일에 높이 방향으로 연속적으로 조형이 가능하면 전체 조형 속도를 크게 향상시킬 수가 있다. 제1장에서 연속적인 조형이 가능한 CLIP(Continuous Liquid Interface Production) 공정의 원리와 공정에 대해서 자세한 설명을 하였기 때문에 여기서는 생략하기로 한다.

    2019년 말에 냉각 속도를 향상시켜 조형 속도를 훨씬 개선시킬 수 있는 조형의 연속성과 냉각 문제를 동시에 해결 가능한 이른바 HARP (High-Area Rapid Printing) 공정에 대해서는 제1장에서 그 원리와 공정에 대해서 다루었기에 여기서는 따로 언급하지 않기로 한다.

3.2 고체 소재 기반 3D 프린팅

고체 소재 기반의 3D 프린팅에는 오늘날 가장 널리 퍼져 있는 공정으로 용착조형 공정(Fused Deposition Modelling, FDM)을 먼저 들 수 있으며, 이 공정에 의한 3D 프린터를 대표하는 회사는 Stratasys사로 전 세계 3D 프린터의 절반 이상을 점유하고 있다. 2009년 특허가 종료되면서 전 세계적으로 수많은 FDM 기반의 3D 프린터 제조 회사들이 생겨났고 가장 널리 보급된 공정으로 자리 잡았다. FDM 공정의 최대 장점은 선재로 뽑을 수 있는 열가소성 플라스틱(Thermoplastic)(열을 가하면 재료가 점차 연화되면서 변형이 쉬워지는 성질) 재료라면 모두 FDM 공정 소재의 후보가 될 수 있기 때문에 재료의 종류가 대단히 광범위하고 다른 3D 프린팅 공정들에 비해서 재료 가격이 훨씬 저렴하다는 점이다. 생체 재료와 같은 재료도 광범위하게 수용할 수가 있고 강도가 높은 공업용 플라스틱(Engineering plastic) 재료들이 산업적으로 수요가 많아 앞으로도 계속 응용 분야가 확장될 가능성이 높다. 특히 공정 속도가 점차 빨라지고 소재의 다양성이 커짐으로써 점차 시작품 제작에서부터 대량 생산 방법으로 옮겨가고 있는 추세여서 실제 제품 제작에 활용되기 시작하고 있다.

FDM 공정의 원리는 비교적 단순하다. 그림 3.5에 나와 있듯이 선재를 감아 놓은 스풀(Spool)에서 선재를 롤러에 의해 적절한 속도로 공급하면 아래에 있는 용융부에서 열가소성을 가진 플라스틱 소재를 가열하여 반액상(Semi-liquid) 선재 상태로 만들어 압출을 하게 된다. 이 반액상의 플라스틱 선재는 접착력이 있어서 프린터의 기저부(Base plate)나 다른 플라스틱 윗면에 쉽게 용착하게 되면서 식어서 계면에서 고착하게 된다[85].

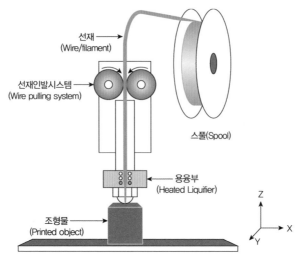

그림 3.5 용착조형 공정(FDM)의 원리도

한 층의 높이는 선재 직경으로부터 주어지는데, 보통 형상 디자인을 체크하는 목적으로는 0.254mm(0.01in)나 0.330mm(0.013in) 정도가 사용되고 실제 응용의 목적으로 정밀도가 필요한 경우에는 0.127mm (0.005in)나 0.178mm(0.007in) 정도의 적층 높이를 이용한다. 대부분의 FDM 타입의 3D 프린터는 0.127mm(0.005in)에서 0.330mm(0.013in) 사이의 적층 높이를 사용한다. 지금까지는 하나의 프린터 헤드를 언급하였는데, 형상의 일부가 빈 공간 위에 떠 있는 경우에는 별도의 지지 구조물을 써야 한다. 이때 같은 재료로 공간이 많이 비어 있는 트러스 구조 등을 이용하거나 아니면 왁스와 같이 나중에 제거가 용이한 재료를 적층하여 쓸 수도 있다. 지지 구조물의 제거가 용이한 점도 큰 장점에 속한다. 요즈음은 FDM의 경우에도 제작 속도를 높이고 여러 가지 재료를 동시에 사용할 목적으로 프린터 압출 헤드가 두 개 이상인 프린터들이 출시되고 있는 추세이다. 이러한 경우, 특히 색깔이 다른 선재를 다른 프린터 헤드에 공급하게 되면 여러 색깔을 구현할 수가 있다.

제1장에서 이미 언급한 것처럼 같은 원리를 사용하더라도 3D 프린터에서 프린터 헤드나 제품이 놓인 기저판의 이동 방식에 따라 카르테시안 방식, 멘델 방식, 델타 방식 등으로 나뉜다. 각 방식의 장단점이 있는데, 이에 대해서는 제1장에서 자세히 기술하였으므로 여기서는 생략한다. 이 세 가지 방식 중에서 비교적 정밀도가 높으면서 제작비가 저렴한 멘델 방식이 저가형 3D 프린터로 가장 널리 쓰이고 있다(그림 3.6).

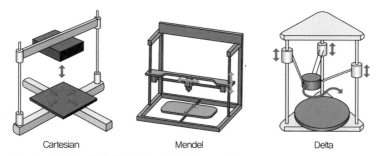

Cartesian   Mendel   Delta

그림 3.6 프린터 헤드와 기저판의 이동 방식에 따른 구조의 분류

FDM 공정의 가장 큰 장점은 다양한 기능성 재료를 활용할 수 있다는 것이다. 강도와 기능이 다른 선재를 다른 프린터 헤드에 적용하게 되면 기능이 장소에 따라 점차 바뀌는 설계(Functionally gradient design)도 가능하다. 요즈음 바이오 프린팅(Bioprinting)이라고 부르는 분야에서는 다양한 재료를 수용할 수 있는 FDM 방식의 활용이 주종을 이루고 있다 해도 과언이 아니다.

FDM 공정에서는 재료를 바로 적층해서 형상을 만들기 때문에 다른 공정에 비해서 재료의 손실이 적어 경제적이고, 대량 생산이 가능한 고분자 선재의 재료 가격도 다른 공정들에 비해서 저렴하다는 장점이 있다. 또한 기계의 치수를 키우면 조형물의 크기도 크게 할 수 있다는 것도 이점이다. 기계 가격이 다른 공정에 비해서는 비교적 저렴하고 간단한 기구를 가진 각종 소형 FDM 3D 프린터들이 개발되면서 거의 1,000달러 이하의 저가 3D 프린터들도 시장에 나오기 시작하였다.

조형하는 재료는 열가소성 플라스틱이 주종을 이루고 있다. 많이 쓰이는 고분자재료로는 ABS, PC(Polycarbonate), PLA(Polylactic Acid) 등 다양한 물성을 가진 열가소성 플라스틱 재료들이 이용되고 있다. 강도 향상을 위해서 주된 재료로 고분자 기조에 여러 길이의 경질 섬유를 함유한 복합 재료 선재도 이용되기 시작하였다.

이 밖에 FDM과 같이 가열 용착을 하는 공정은 아니지만 용융을 시키지 않더라도 압출 노즐을 이용하여 후속 가열 공정을 통하거나 일정 시간이 지나 고화가 되는 재료를 이용하는 공정들도 산업적으로 응용 분야가 많다. 세라믹의 경우에는 반죽(Slurry) 상태로 압출해 적층한 다음 가열하여 시작품을 만들 수가 있다. 콘크리트의 경우도 반죽으로 만들어 큰 노즐을 통해서 적층하여 집을 건축하는 데 활용되고 있다. 음식물의 경우도 반죽 형태의 반고형 상태로 노즐을 통해서 적층하여 피자, 케이크 등의 제조에 활용되고 있다. 의학적인 응용에서는 이미 바이오 프린팅(Bioprinting)이라는 이름으로 의료용으로 개발이 진행 중이고 일부는 임상에 활용되기 시작하였다. 이에 대해서는 뒤에 나오는 의료 응용의 장에서 자세히 소개하기로 한다.

FDM 공정의 특허가 풀리면서 가격이 낮아짐에 따라 사무실이나 가정에서 쉽고 저렴하게 쓸 수 있는 이른바 개인용 3D 프린터(Personal 3D printer) 등이 FDM 방식에서 주로 출시되고 있다. 또한 인터넷을 통해서 개별적으로 설계 데이터를 받아서 3D 프린터로 3차원 조형물을 만들어 보내주는 시작 서비스 회사(3D printing service bureau)들도 많이 생겨나고 있다. 앞으로 이런 시작 서비스 업체가 많이 생겨날 것으로 예상되며, 3D 프린터를 보유하지 않더라도 인터넷을 통해 3D 형상 데이터를 보내서 보다 쉽게 시작품을 만드는 것이 가능해질 것으로 전망된다.

고체 기반의 전혀 다른 제작 공정으로 박판 재료 적층(Laminated Object Manufacturing, LOM)을 살펴보면, 1988년 Helisys(지금은 Cubic Technologies사가 뒤를 이음)가 이 공정으로 첫 시제품을 낸 이후 여러 회사에서 재료의 형태나 접합 방법에서 다른 시도들이 있었다. 여기서는 Helisys에서 시작한 LOM을 바탕으로 설명을 하도록 한다. LOM은 공급 롤에 감겨 있는 종이의 뒷면에는 가열하면 녹아서 아랫면의 종이에 접합이 될 수 있도록 얇은 접합체가 코팅이 된 복합 시트(Adhesive-coated sheet)로 되어 있다.

LOM 공정은 다음 순서로 진행된다.

① 접착제가 코팅된 복합 시트가 공급 롤(Supply roll)에서 풀려 나와 적층할 기저부 위로 위치하게 되면 우선 복합 시트를 가열 롤러로 밀어 아랫면과 접착한다.

② 그림에서와 같이 조형물의 해당 단면 윤곽선을 따라 상부에 있는 레이저광을 비추어 시트를 절단한다.

③ 가공이 끝나면 조형물은 종이로 된 큰 직육면체의 체적 속에 묻히게 되므로 조형물을 분리하여 빼내기 위해서는 매 층의 복합 시트마다 빼낼 부분을 바둑판처럼 작은 사각형으로 구성된 패턴으로 미리 레이저를 조사하여 준비를 해둔다.

④ 모든 단계에서 아랫면에 붙이고 남은 종이는 계속 진행시켜 수집 롤(Take-up roll)로 옮겨 감는다.

⑤ 다음 층을 적층하기 위해 공급 롤에서 풀려 나온 새로운 복합

시트 부분을 적당한 간격으로 가공 위치에 위치시킨다.

⑥ 기저부는 복합 시트의 두께만큼 아래로 이동하여 다음 레이저 절단 작업에 대비한다.

⑦ 이러한 공정이 조형물의 높이에 다다를 때까지 반복된다(그림 3.7)[88].

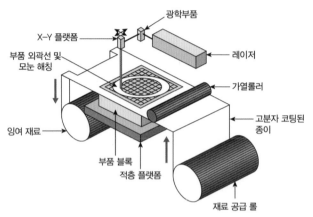

그림 3.7 박판 재료 적층(LOM) 공정의 원리도

일반적으로 종이를 사용하지만 원리상 종이뿐 아니라 플라스틱 박판, 금속 박판도 적층이 가능하며 절단은 종이의 경우 레이저 대신 칼을 사용하기도 한다. 일본의 Kira사, 이스라엘의 Solido사(2012년 영업마감), Mcor Technologies사(2019년 11월 CleanGreen3D사에서 인수)들은 모두 절단에 칼을 사용하고 있다.

특기할 만한 것은 Mcor Technologies사(현재, CleanGreen3D사)는 LOM이라 부르지 않고 선택적 적층(Selective Deposition Lamination, SDL)으로 따로 명명하고 있다. LOM과 유사하나 단지 일반 종이를 쓰기 때문에 접착제가 코팅이 되어 있지 않고 한 장씩 필요한 곳에 매번 접착제를 뿌려서 적층하고 텅스텐 카바이드 날(Tungsten carbide knife)로 종이를 주어진 윤곽선에 따라 자른다. 모두 적층된 블록에서 조형물 이외의 종이는 제거하게 되는 것은 LOM과 같은 방식으로 이루어진다. 대형 산업용 프린터와 데스크톱용 프린터로 이원화하여 제품을 생산하고 있다. 종이는 종류에 관계없이 기계에서 세팅을 할 수 있게 하여 채색이 가능한 다양한 종이를 수용하고 있으며 0.1mm 정도의 해상도를 가지고 있다. 컬러 잉크젯 헤드를 채용하여 천연색을 구현하는데, 종이 위에 인쇄해서 색상을 자연색에 가깝게 표현한다.

LOM 공정 중에서 금속 박판을 이용하여 금속을 적층하는 시도는 있었으나 상업적으로 실현되지는 않았다.

Sciaky사의 전자빔 적층 제조 공정(Electron Beam Additive Manufacturing, EBAM)은 금속 선재(Metal wire)를 사용하는데, 본래 용접 기계 회사였던 Sciaky사는 용접에서 쓰던 고강도 금속 재료 선재들을 활용하여 고출력(30~42kw)으로 그림 3.8에서처럼 고진공 상태(1× 10^{-4}Torr)로 용융시키면서 FDM 과 유사하게 적층하게 된다[89].

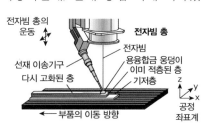

그림 3.8 Sciaky 전자빔 적층 제조 공정(EBAM)의 원리도

다양한 금속 재료들을 사용할 수가 있는데, 타이타늄과 타이타늄 합금, 스테인레스, 코발트 합금, 니켈 합금, 구리 니켈 합금, 탄탈륨 등 많은 합금을 비교적 재료 손실 없이 가공할 수가 있다. 공정의 특성상 그림 3.9(a)처럼 최종 제품을 포락하는(Enveloping) 적층된 구조를 CAD로 설계한 다음, 그림 3.9(b)와 같이 CNC 제어를 통해 적층하면 그림 3.9(c)과 같은 금속 구조물이 나오는데, 여기서 그림 3.9(d)에 보이는 최종 제품의 치수에 맞추어 CNC 가공으로 제작하게 된다[89].

Sciaky EBAM 공정은 시간당 3,300cm^{3}의 속도로 적층한다고 보고하고 있다. 타이타늄의 예를 들면 시간당 18kg의 적층 속도에 해당된다.

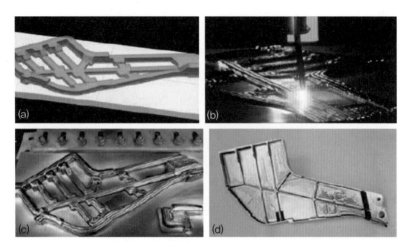

그림 3.9 Sciaky EBAM 공정. (a) 포락 적층 구조의 CAD, (b) Sciaky EBAM 공정, (c) EBAM 공정 종료 후 제품, (d) CNC 가공된 최종 제품

이 적층 속도는 에너지 제어형 용착(Directed energy deposition) 방식들 중에서 가장 적층 속도가 빠르다. 이 공정의 새로운 가능성으로 두 가지 재료를 동시에 전자빔으로 용융시키는데, 두 재료의 공급 속도를 제어하여 상대적으로 조절하면 재료의 조성을 점차 바꿀 수 있어서 기능적으로 점진적으로 바뀌는 합금(Functionally gradient alloy) 조성을 시도할 수도 있다. 또한 선재의 굵기를 바꾸면 보다 섬세한 형상을 구현할 수 있게 된다. 이 공정의 단점으로는 대부분의 고체 기반 적층 공정과 마찬가지로 지지 구조물을 만들기 어렵기 때문에 하면에 지지부가 없는 오버행(Overhang)이 있는 구조를 만들기가 어렵다는 점을 들 수 있다. 또한 공정의 특성상 정밀도가 낮아서 세부적인 부분의 가공이 어렵고 용접 원리에 기반을 두고 있기 때문에 용접 가능한 금속만 적층 재료로 쓸 수 있다. Sciaky사의 EBAM 기계에서는 몇 미터에 이르는 대형의 가공물을 가공할 수 있어서 항공기 부품 가공에 적용되고 있다. 그림 3.10은 Sciaky 기계와 함께 다양한 응용 제품의 사례를 보여주고 있다[89,90].

그림 3.10 Sciaky 3D 프린터 및 각종 산업 제품 사례

특이한 고체 기반 공정으로 Fabrisonic사의 초음파 적층 제조(Ultrasonic Additive Manufacturing, UAM) 공정이 있다. 이 공정은 얇은 금속 판재(Metallic foil)를 초음파 진동에 의한 압접으로 판재를 저온에서 용융이 없이 접합하여 제작하는 것으로 초음파 표면 용착(Ultrasonic Consolidation, UC)이라고도 불린다(그림 3.11)[91].

이 공정은 얇은 금속 판재를 초음파로 압접한 후에 CNC 가공으로 필요 없는 부분은 절삭해서 치수 정밀도를 확보하는 복합 공정이다. 이 공정에서는 용융이 없이 압접을 하기 때문에 재료가 낮은 변형 저항성을 가진 알루미늄이나 구리 같은 연질 금속에 주로 적용되고 있

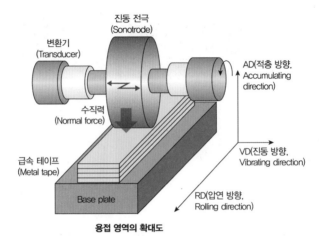

그림 3.11 Fabrisonic 초음파 적층 제조 공정의 원리도

고 상호 압접이 가능한 복합 금속 재료의 제품 제작도 가능하다. 그리
고 이 공정은 제품에 내장된 센서(Embedded sensor)와 각종 전자 제품
에 응용되고 있다(그림 3.12)[92].

그림 3.12 Fabrisonic 초음파 적층 제조기 및 제품 제작 사례

3.3 분말 소재 기반 3D 프린팅

분말 소재를 이용하여 적층을 하는 3D 프린팅 방법은 SLA 공정이 나온 직후인 1986년에 나온 오래된 공정이다. 분말을 어떻게 접합시켜 조형물을 만드냐에 따라 여러 가지 공정으로 나뉜다. 분말 기반의 3D 프린팅의 최대 장점은 접합이 안 된 상태의 분말이 지지대 역할을 하므로 따로 지지대가 필요 없이 조형물 제작이 가능하다는 것이다.

분말 소재를 베드에 깔아 놓고 필요한 부분을 소결하여 접합하거나 접착제를 뿌려서 접합시키거나 아니면 용융시켜 형상을 만들어가는 방법들이 있으며, 이에 따라 세 종류의 공정으로 나뉘어 발전을 하게 되었다.

분말 소재를 베드에 깔고 하는 경우와는 달리 노즐에서 분말을 공급하면서 이를 고밀도 에너지 빔으로 용융시켜 조형하면 베드를 이용하는 경우에 비해서 재료를 절감할 수 있고, 이미 있는 제품을 수정한다든지 덧붙여서 조형을 할 때 유리하다. 여기서는 분말 베드의 세 종류의 공정들과 베드 없이 노즐에서 분말을 분사하거나 용융하면서 조형하는 공정까지 살펴보기로 한다.

분말 소결형 3D 프린팅-분말 베드 이용 방식

광조형(Stereolithography) 공정 이후 두 번째로 나온 공정으로, 역사가 깊으며 오랫동안 발전을 거듭하여 기능성 부품에 제일 먼저 활용된 공정이다. 분말을 레이저로 국소적으로 가열함으로써 소결하여 3차원 형상을 제작하는 선택적 레이저 소결 공정(Selective Laser Sintering, SLS)은 이 공정 분야에서 가장 대표적인 공정으로 플라스틱뿐 아니라 세라믹 같은 비금속 재료에도 적용이 되었고 금속 분말에도 광범위하게 적용되고 있다. 그림 3.13은 선택적 레이저 소결 공정의 기본 원리도이다[93].

그림에 보는 바와 같이 아래에 분말 베드가 위치하는데, 한쪽은 분말 저장 베드이고 또 하는 분말 소결 작업 베드이다. 처음 시작할 때는 작업 베드의 기저부(Base plate)가 제일 위쪽에 위치하고 작업이 진행되면서 점차 아래로 층 두께(보통 0.1mm 이내)만큼씩 내려가게 된다. 소결시킬 분말 재료는 보통 15μm에서 100μm 직경을 가진 분말을 이용하는데, 열가소성(Thermoplastic)의 각종 고분자 분말과 열가소성의 고무 재료(Thermoplastic Elastomers, TPE)에서부터 금속 분말과 같은 다양한 재료들이 이용되고 있다. 고분자 분말의 경우는 Polyamide (PA)가 널리 쓰이고 Polystyrene(PS), Polyaryletherketone(PAEK) 등이 쓰이고 있다. 금속 분말을 사용한 SLS 공정은 선택적 레이저 용융 공정 (Selective Laser Melting, SLM)이 도입된 이후로 밀도 등의 문제로 점차 사용이 줄게 되었다. 그림의 분말 베드에 저장된 분말을 한 층에 해당하는 분량만큼 약간 양을 아래쪽 피스톤을 이용하여 위로 올려서 올라온 분말을 롤러를 이용하여 오른쪽에 있는 작업 베드로 옮겨준다. 다음에 새로 균일한 두께로 깔린 분말층 위에서 소결시킬 면적에

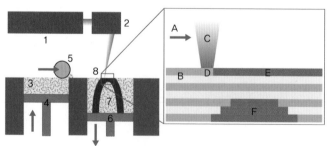

SLS공정: 1 레이저, 2 레이저 스캐너 시스템, 3 분말 보급 시스템, 4 분말 보급 피스톤, 5 분말 이송 장치(Feeder), 6 제조용 이송 피스톤, 7 분말 베드, 8 제작 중인 부품(확대도 참조), A 레이저 주사 방향, B 소결된 분말(Brown state), C 레이저 빔, D 레이저 소결, E 미리 준비된 분말 재료층(Green state), F 이전 단계에서 소결되지 않은 분말층

그림 3.13 선택적 레이저 소결 공정(SLS)의 원리도

CAD 데이터를 반영하여 레이저광을 주사시켜 소결하게 되면 새로운 층의 두께만큼 아래로 피스톤을 내려 새로 공급될 분말층을 깔 준비를 하게 된다.

조형물이 다 만들어질 때까지 재료 공급과 레이저 광 주사가 순차적으로 반복되면 작업을 종료하고 가공된 조형물을 꺼내어 붙어 있는 분말들을 제거하면 조형물이 나오게 되는데, 지지물이 분말이어서 다른 공정들과는 달리 작업이 끝난 후 지지물의 제거 작업이 필요 없다.

플라스틱 분말이 광범위하게 쓰이고 있는데, 분말로 제조하는 공정이 필요하기 때문에 소재의 가격이 다소 비싼 것이 단점으로 지적되고 있다. 금속 분말의 경우에는 도입 후 상당 기간 동안 금형 제작에도 응용되었으나 밀도를 높이기 위해 구리나 구리 합금과 같이 용침(Melt infiltration)이 잘 되는 금속을 이용하여 밀도를 100%로 높인다. 철 분말을 주재료로 할 경우 일종의 철과 구리합금의 복합 재료로 구성되기 때문에 플라스틱 사출 금형에 주로 응용되었으나 소결 후 수축이 다소 일어나기 때문에 정밀 금형에 응용하기에는 아직 한계가 있다. 금형의 경우는 후가공을 전제로 분말 베드를 쓰지만 분말 입자를 용융시켜 조형하는 선택적 레이저 용융 공정(Selective Laser Melting, SLM)은 밀도를 높일 수 있고 다양한 고강도 금속 분말을 이용할 수가 있어서 기존 SLS 공정을 대체하는 경향이 있다. 금속 부품을 만드는 공정은 같은 SLS 공정이나 수축을 줄이고 용침이 없이 밀도를 높이는 방법으로 EOS가 개발한 직접식 레이저 소결(Direct Metal Laser Melting, DMLS)이 있는데, 여기서는 분말 입자 크기가 다른 두 종류의 금속 분말을 이용한다. 작은 분말은 같은 금속 분말이나 용융점이 낮은 고강도 합금 분말을 이용하게 되는데, 작은 크기의 분말이 레이저 광에 먼저 녹으면서 큰 분말 사이에 스며들면서 채움으로써 치수 변화가 최소화된 상태로 밀도가 높아지게 된다. DMLS 공정은 높은 밀도와 고강도 조형물 구현이 가능하기 때문에 강도가 필요한 항공기 부품 제작 등에 활용되고 있다. 그림 3.14는 산업적으로 직접 응용이 가능한 맞춤형 부품들의 제품 예들을 보여주고 있다.

그림 3.14 DMLS 공정으로 제작된 각종 항공기용 부품과 터보차저

잉크젯 프린팅에 의한 3D 프린팅의 효시는 MIT에서 시작한 분말을 접착제로 결합시켜 조형물을 만드는 잉크젯 분사 공정이라고 할 수 있다. 초기에는 주로 석회와 같은 세라믹 분말을 이용하여 조형물을 만들었으며, Z-Corp사가 본격적으로 공정을 상업화하면서 총천연색으로 조형물을 만들게 되었다. 가는 모래 입자를 접착제로 조형한 모래 주형은 금속 부품을 만드는 공정에 이용되었다. 그림에서 보이는 것처럼 SLS 공정과 유사하게 분말 저장 베드에서 밀판(Push-plate)

이나 롤러를 이용하여 필요한 얇은 분말층을 조형 베드 쪽으로 옮기고 여기에 CAD 데이터로부터 만든 단면 데이터에 따라 접착제를 주사 방식으로 뿌려서 해당 영역을 접합시킨다. 이러한 공정을 조형이 끝날 때까지 반복하고 끝나면 조형물에 붙은 분말을 제거하면 조형물의 제작이 완성된다(그림 3.15)[99].

이 공정은 기존 잉크젯 프린팅 방식을 그대로 이용하고 구하기 쉬운 석회 분말이나 모래를 이용하기 때문에 분말 소재의 가격이 저렴하다는 장점이 있다. 금속 분말의 경우도 SLS 공정과 같은 방법으로 결합제로 쓰인 접착제를 노(Oven)에서 태워 거기에 구리나 구리 합금을 용침시켜 밀도가 높은 금속조형물을 만들지만 SLM 공정이나 DED 공정들이 나오면서 이들 공정에 의해 대체되고 있는 경향이다.

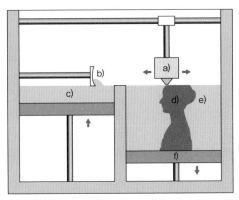

그림 3.15 잉크젯 프린팅 방식의 3D 프린터(MIT, E. Sachs): (a) 접착제 분사를 위한 잉크젯 헤드, (b) 분말 이송용 밀판(롤러를 사용하기도 함), (c) 분말 저장고, (d) 분말 속에 묻혀 제작되고 있는 시작품, (e) 시작품과 분말을 담아 움직이는 플랫폼, (f) 플랫폼을 상하로 움직이는 피스톤

Hewlett Packard사의 멀티젯 용착(Multi Jet Fusion) 공정에서는 분말을 한 층씩 적층하면서 각층에서 분말 재료를 선택적으로 접합한다는 점에서 앞에서 설명한 MIT의 잉크젯 프린팅(Ink Jet printing) 공정과

유사하나 3차원 조형물의 제품 정밀도를 높이고 생산성을 높이기 위해서 공정을 크게 혁신시키는 새로운 기술들을 도입하였다. 그림 3.16[100]에서 보이는 것처럼 종 방향에서 분말 재료를 공급하고 균일하게 깔아주면 바로 측 방향에서 열을 가하고 액상 융합제를 뿌려 조형을 선택적으로 하면서 세부 형상을 만드는데, 이 공정이 두 방향에서 교대로 빠르게 반복되면서 3차원 형상을 빠르고 정밀하게 가공을 하고 있다.

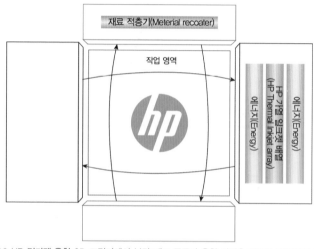

그림 3.16 HP 멀티젯 용착 3D 프린터에서 분말 재료 공급과 용착 작업을 빠르게 진행하게 하는 교차 작업 방식

그림 3.17[100]에서는 각 단계를 구체적으로 보여주고 있다. 앞의 그림에서 종 방향에서 들어와 한 층을 깐 후에 표면 온도를 측정한 이후 측 방향에서 들어온 선형가열기가 표면을 적정 온도가 되도록 열을 가하고(그림 3.17(b)), 액상 융합제(Fusing agent)를 융합을 원하는 영역에 뿌리고(그림 3.17(c)), 이어서 융합 경계를 위주로 세밀화 액상 제제(Detailing agent)를 뿌려서 경계를 명확히 하는(그림 3.17(d)) 작업을 수

행한다. 그다음 다시 가열을 하여(그림 3.17(e)) 높은 밀도로 이전에 형성된 층 위에 확실히 융합이 되도록 하여 적층면 내에서의 강도뿐 아니라 이에 수직인 적층 방향으로도 같은 강도를 갖도록 보장한다. 이러한 과정이 원하는 조형물이 완성될 때까지 한 층씩 계속 반복된다.

이와 같이 종전의 잉크젯 방식을 개선하여 분말 공급과 융합을 두 방향으로 교대로 하고 경계에서의 세밀화 작업을 추가함으로써 조형 속도를 높이고 조형물의 치수 정밀도를 향상시켜 제품 생산에 사용되도록 정밀성과 생산성을 높이고 있다.

이 멀티젯 용착 공정은 잉크젯 방식이기 때문에 제1장에서 소개한 것처럼 다양한 채색이 가능하고 정밀성으로 인해 복잡한 형상을 가진 여러 가지 기능성 제품도 선보이고 있다.

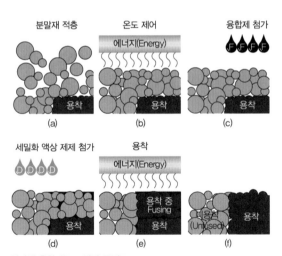

그림 3.17 HP 멀티젯 용착 3D 프린팅 공정도

에너지 제어형 용착 3D 프린팅−분말 베드 없는 직접식 분말 용융 방식

금속 분말의 적층은 기능적인 측면에서 SLS 방식에서는 밀도를 100%까지 높이는 데 한계가 있기 때문에 분말을 베드에 미리 적층하지 않고 원하는 특정 표면에 직접 금속 분말을 분사하면서 바로 용융을 시켜 표면에 용착이 되면서 국소적으로 적층되도록 하는, 이른바 에너지 제어형(분사용융) 용착(Directed Energy Deposition, DED) 공정이 있다. 이 공정은 직접식 금속적층(Direct Metal Deposition, DMD), 직접식 금속 프린팅(Direct Metal Printing, DMP), 직접식 레이저 적층(Direct Laser Deposition, DLD), 레이저 금속 적층(Laser Metal Deposition, LMD), 레이저 분말 적층(Laser Powder Deposition, LPD), 레이저 적층 용접(Laser Deposition Welding, LDW), 분말 용융 용접(Powder Fusion Welding, PFW), 레이저 이용 정형가공(Laser Engineered Net Shaping, LENS), 레이저 클래딩(Laser Cladding, LC) 등 개발회사에 따라 수많은 이름으로 불리는데, 최근에 '레이저 제어형 적층' 또는 '에너지 제어형 용착'이라는 이름이 보편적으로 많이 쓰이고 있다. DED 공정은 앞 절에서 설명한 분말 베드 기반의 선택적 소결 공정과는 달리 분말이 분사 노즐을 통해 공급되면서 제품의 표면에 도달하면서 동시에 용융되어 높은 밀도로 표면에 용착이 일어나는 공정이다(그림 3.18)[101]. 따라서 용접처럼 아주 높은 밀도를 가진 새로운 금속층이 목표 표면에 연속적으로 새로 형성된다.

DED 공정에서는 분말 베드 방식에 비해서 제품 표면에만 재료를 분사해서 용융시키기 때문에 당연히 가공 시간이 단축되고 분말 재료의 손실이 적게 되어 경제적이다. 또한 용접처럼 분말 재료를 표면에 분사하는 동시에 용융시켜 용착시킴으로써 분말을 소결하는 분말 베드 방식과는 달리 밀도가 거의 100% 가까운 고밀도로 시제품을 만들 수가 있다. 이에 따라 산업적인 응용 측면에서 활용이 늘고 있다. DED 공정의 장점으로 금속을 용착시켜 형상을 만들기 때문에 직접 금속 제품을 만들 수가 있다는 점을 들 수가 있다. 다른 큰 장점으로 기존 금속 표면에 같은 종류의 새로운 금속층을 형성시킬 수 있기 때

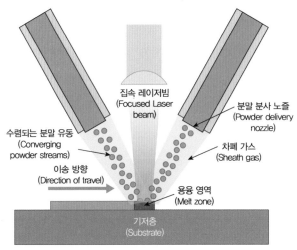

집속 레이저빔
(Focused Laser beam)

분말 분사 노즐
(Powder delivery nozzle)

수렴되는 분말 유동
(Converging powder streams)

차폐 가스
(Sheath gas)

이송 방향
(Direction of travel)

용융 영역
(Melt zone)

기저층
(Substrate)

그림 3.18 에너지 제어형 용착 공정의 원리도

문에 마모된 기존 금속 제품의 보수에 유리한 점이 있어 산업적으로 유용한 공정이다. 또한 금형 표면에 새로운 합금을 적층시켜서 필요한 곳에 내마모성과 같은 새로운 기능을 보완할 수가 있다. 깊이에 따라 물성의 변화를 점차적으로 줄 수가 있어서 점진적 기능의 가변성 (Functionally gradient property) 역시 가능하다.

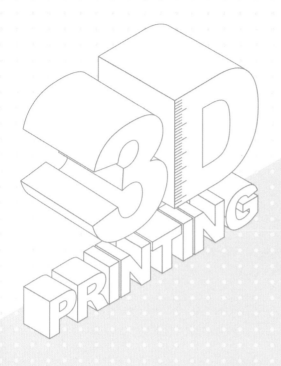

3D 프린팅 기술의
분야별 응용

3D 프린팅 기술의 분야별 응용

4.1 2차 공정(후속 공정)과 제품에의 응용

2차 공정 또는 후속 공정은 목적에 따라 두 가지로 나눌 수 있는데, 첫 번째는 3D 프린팅으로 만든 시작품을 바로 사용할 수 있도록 사용 목적에 따라 매끈하게 후속 처리를 하거나 정밀도를 맞추기 위해서 후속 가공을 하는 경우다. 두 번째는 시작품을 바로 쓰지 않고 보다 원하는 좋은 물성을 갖도록 시작품을 첫 번째 모형으로 하여 2차 공정 (Secondary process)을 통해서 틀(Mold)을 만들고 여기에 다시 원하는 재료를 용융시켜 주입하여 새로운 물성을 갖는 제품을 만드는 공정이다.

3D 프린팅에서 나온 시작품은 바로 사용하기에는 제작 시 생긴 수축(Shrinkage), 왜곡, 휨 같은 변형 문제뿐 아니라 표면이 거친 문제점도 있을 수 있다. 이러한 경우 표면을 원하는 치수와 표면 거칠기를 갖도록 후가공 작업이 필요하다. 특히 금속 시작품을 금형 등으로 쓰는 경우에는 마무리를 위한 후가공은 필수적이다. 선택적 레이저 소결 공정(SLS)이 직접식 공구 제조에 선구적인 역할을 했다고 할 수 있다. 특히 플라스틱 사출 성형용 금형의 인서트(Insert)에 쓰이기 시작했는데, 처음에는 고분자 바인더를 표면에 입힌 강철 분말을 이용하여 원하는 구조로 소결하여 원하는 공구 형상을 만들었다. 그림 4.1에

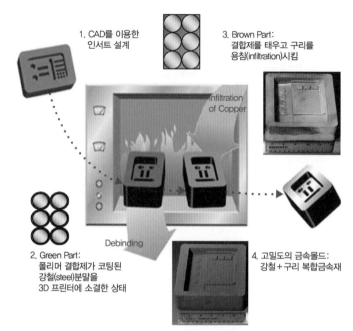

1. CAD를 이용한
   인서트 설계

3. Brown Part:
   결합제를 태우고 구리를
   용침(infiltration)시킴

Infiltration
of Copper

Debinding

2. Green Part:
   폴리머 결합제가 코팅된
   강철(steel)분말을
   3D 프린터에 소결한 상태

4. 고밀도의 금속몰드:
   강철＋구리 복합금속재

그림 4.1 금형 인서트로 쓰기 위해 3D 프린터에서 1차로 형상을 소결하여 만들고 노에서 결합제를 태운 다음 구리를 용침시켜 밀도를 높인 시작품 상태

서 보는 것처럼 노(Furnace)에서 바인더(Binder)를 태운 다음 여기에 구리를 용침(Infiltration)시키면 밀도가 거의 100%인 일종의 강철과 구리의 복합 재료로 되는데, 표면이 거칠고 수축하여 치수가 다소 작아진 형상으로 만들어진다. 이 시작품을 치수를 맞추고 표면 조도를 향상시키기 위해서 후가공으로 고속 밀링을 하고 필요한 경우에 연마 가공을 도입하는 경우도 있다(그림 4.2)[102]. 최근에는 일반 금형 제작 방법처럼 고합금 강으로 금형을 제작하고 표면에 에너지 제어형 용착(DED) 공정으로 고강도 합금층을 생성하는 방법도 시도되고 있다.

플라스틱 제품의 경우, 수량이 그렇게 많지 않은 경우에는 간이 금형을 3D 프린팅에서 나오는 3차원 형상을 이용하여 형상을 역전시켜서 약식 금형을 만들어 이를 이용하여 다수의 플라스틱 제품을 만드는 이른바 2차 공정(Secondary process)을 채택하는 경우도 많다. 역전

그림 4.2 SLS 공정으로 제작한 스테인리스강과 구리의 복합재로 된 시작품을 고속 가공과 연마 공정으로 완성한 플라스틱 사출용 금속 제작 예

(Reversal)의 횟수를 늘릴수록 더 견고한 금형을 얻을 수 있어서 만들 수 있는 제품의 개수도 늘릴 수가 있다.

단일 역전 2차 공정(Single reversal secondary process)은 그림 4.3에 나와 있는 것처럼 3D 프린팅에 나온 시작품 모형을 받치는 분할용 블록을 먼저 만들어 아래에 모형을 넣어 위치시킨다. 위쪽에 첫 번째 연질 금형, 즉 고무 같이 모형을 빼내기 용이한 부드러운 재질로 만든 금형을 준비한다. 주로 액상 실리콘 고무(Liquid silicon rubber)를 위쪽 공간에 부은 다음 굳혀서 만든다. 그런 다음 이를 상하를 바꾸고 분할 블록을 제거하여 생긴 공간에 같은 방식으로 액상 실리콘 고무를 굳혀서 상부 연질 금형(Upper soft mold)을 만든다. 이렇게 하여 상하부의 연질 금형이 만들어지는데, 이 상하 금형에 용융된 액상 고분자를 흘려 넣어 굳히면 플라스틱 시작품을 제작할 수 있게 된다. 이 연질 금형을 이용하면 재질에 따라 수십 개 내지 수백 개 정도의 플라스틱 시작품을 만들 수가 있다. 보통 진공 주형기(Vacuum molding machine)를 이용하여 플라스틱을 사출시키면 보다 정밀한 3차원 형상을 만들 수 있다. 그림 4.4에 액상 실리콘 고무를 이용하여 만든 플라스틱 시작품들을 보여주고 있는데[103], 그림 4.5에서 보인 바와 같이 자동차 그릴 같은 큰 제품도 실리콘 고무 몰드를 이용해서 플라스틱 시작품을 만들었다[104].

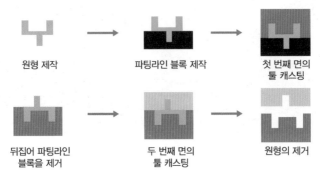

그림 4.3 단일 역전 공정(Single reversal process)

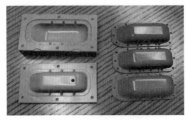

그림 4.4 1차 역전 플라스틱 몰딩을 위한 실리콘 주형과 플라스틱 시제품들

그림 4.5 1차 역전 플라스틱 몰딩에 의한 자동차 그릴 시제품

좀 더 정밀한 많은 플라스틱 제품을 만들고자 하는 경우에는 실리콘 고무와 같이 열전도성이 낮은 재료로 만든 몰드로는 한계가 있다. 그림 4.6처럼 에폭시에 알루미늄 분말을 섞어 몰드를 만들면 몰드의 열전달 특성을 개선할 수 있고, 몰드 제작 시 냉각용 구리관을 적절히 삽입하면 냉각 특성을 훨씬 더 높일 수가 있다. 몰드 수명을 더 늘리려면 몰드 표면에 금속을 용사시켜 도포하는 금속 용사 공정(Metal spray process)을 활용하면 더욱 더 몰드 수명을 개선할 수 있다(그림 4.7).

그림 4.6 알루미늄 분말을 섞어 만든 에폭시를 부어 만드는 에폭시 주조 툴링

(a) 아크 스프레이 공정

(b) 완성된 몰드와 시작품들

그림 4.7 몰드 표면에 아크 스프레이로 금속층을 형성시켜 몰드 수명을 늘리는 금속 용사 공정

매우 정교한 금속 주조 시작품을 만드는 2차 공정 방법으로 인베스트먼트 주조(Investment casting)로 알려진 로스트 왁스 주조(Lost wax casting) 공정이 널리 쓰이고 있다. 이 공정은 왁스로 정밀한 시작품을 만들려면 이 시작품의 표면에 세라믹 반죽(Ceramic slurry)을 입히고 굳힌 다음 내부의 왁스를 제거해 정밀 주형을 만들어 여기에 용융 금속을 부어 주조한 뒤 표면의 세라믹 쉘(Ceramic shell)을 깨서 제거하면 아주 정밀한 금속 제품을 만들 수가 있다. 그러나 이 공정은 각 금속 제품마다 각각의 3D 프린팅 왁스 모형이 필요하다는 점이다. 이와 유사한 공정으로 로스트폼 주조(Lost foam casting)와 같이 스티로폼

그림 4.8 퀵캐스트 코어 모형들

(Styrofoam)으로 3D 프린팅 모형을 만들고 모래로 주형을 만든 후에 스티로폼을 태우면 같은 방식으로 대형 금속 주조물을 위한 주형을 만들 수가 있다. 왁스나 스티로폼처럼 광경화 수지로 내부에 벌집 구조로 쉽게 소실될 수 있는 구조를 만들어 정밀한 3D 모형으로 인베스트먼트 주조에 활용한 사례로 3D systems의 퀵캐스트(Quickcast) 기술을 들 수가 있다(그림 4.8)[105,106]. 퀵캐스트 방법으로 만든 모형은 표면은 연속적이지만 내부가 얇은 구조로 채워져 있어서 열을 가해 태우면 최소한의 재만 남기 때문에 인베스트먼트 주조 시 대단히 편리하다.

여러 개의 시제품을 만들기 위해서는 단 한 번의 역전 공정을 이용하지 않고 두세 번의 역전을 거치면 몰드를 보다 강한 재료로 바꾸어 더 정밀하고 많은 수량의 시제품을 생산할 수가 있다(그림 4.9). 예를 들어, 알루미늄 같은 금속 몰드를 만들기 위해서는 먼저 3D 프린팅 모형에서부터 1차 역전으로 실리콘 고무 금형을 만들고 이 고무 금형을 이용하여 다시 석고(Plaster) 역전 몰드를 2차 역전으로 만들어낸다. 이 석고 몰드는 내화성이 좋기 때문에 여기에 3차 역전을 통해서 알루미늄을 용융시켜 부어서 식히면 알루미늄 주형을 만들 수 있게 된다(그림 4.10). 이 알루미늄을 플라스틱 사출성형기에 이용하면 많은 플라스틱이나 고무 제품을 생산할 수가 있다(그림 4.11). 요즈음 자동차 타이어 제조에 이러한 3D 프린팅 모형을 활용한 3차 역전 공정을 이용하여 제품 설계와 생산 공정을 단축하고 있다.

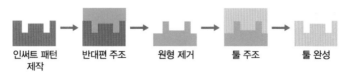

인써트 패턴 제작 → 반대편 주조 → 원형 제거 → 툴 주조 → 툴 완성

그림 4.9 2차 역전(Second reversal) 공정의 제작 순서

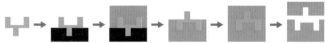

원형 제작 　파팅 라인　 견본 몰드에 대한　파팅 라인　 견본 몰드에 대한　원형 제작
　　　　　블록 생성　 첫 번째 면의 주조 　블록의 제거 　두 번째 면의 주조

1차 역전 공정으로 더미 몰드 제작

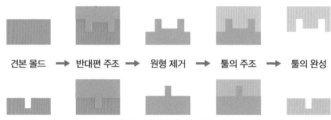

견본 몰드 ➡ 반대편 주조 ➡ 원형 제거 ➡ 툴의 주조 ➡ 툴의 완성

툴링 제작을 위한 2차 역전

그림 4.10 3차 역전 공정의 제작순서

(a) 고무 더미 몰드

(b) 석고 몰드 역전　　　　　　　(c) 알루미늄 주조 몰드

그림 4.11 3차 역전 공정을 통한 금속 몰드의 제작

생산량과 최종 제품의 재질에 따라서 3D 형상의 제품을 직접 만들기도 하지만 많은 수량이 필요하고 특수한 합금이나 물성이 필요한 경우에는 앞에 설명한 여러 가지 2차 공정을 통해서 실제 제품을 만들 수 있다.

4.2 일상생활에의 응용

3D 프린팅은 이미 우리 일상생활에 여러 가지 형태로 많이 들어와 있다. 대표적인 예가 새로운 유형의 의상을 선보이는 패션 분야로 여러 가지 형태로 시도되고 있는데, 특히 일반 섬유로 구현하기 어려운 3차원 형상을 3D 프린팅으로는 어렵지 않게 제작할 수 있기 때문에 각종 패션쇼에서 소개되고 있다(그림 4.12).

그림 4.12 3D 프린팅으로 가능하게 된 패션 분야의 다양한 형상 구현 사례

의상이나 신발, 안경 등 개별적 신체와 관련된 것들은 사람마다 다다르고 또 3차원 형상을 지닌 것들이어서 3D 프린팅으로 제작하는 것이 편리한 측면이 많다. 그림 4.13처럼 안경의 경량화를 위해서 기존방법으로는 만들기 어려운 구조를 가진 것도 3D 프린팅 방법으로는 용이하게 만들 수 있어서 다양한 설계가 가능하다. 특히

그림 4.13 3D 프린팅에 의해 각 개인에 맞춰 제작된 다양한 안경들

컬러가 복잡하게 분포된 예술적인 디자인도 개인적인 취향에 맞게 구현이 가능하다.

신발의 경우도 시작품 신발뿐만 아니라 내구성을 가진 소재들이 도입되면서 깔창이나 밑창을 각자의 발의 형상과 체형에 맞게 다양한 설계가 가능하고 각 운동 특성에도 맞춘 맞춤형 신발이 가능할 전망이다. 그림에서 보는 것처럼 충격을 흡수하면서도 경량화를 가능하게 하는 특수한 구조를 가진 신발 제작이 가능하다. 스포츠 분야에서도 3D 프린팅을 이용하여 각종 스포츠 도구나 보철 등을 제작하여 활용한 사례들은 헤아릴 수 없이 많다(그림 4.14)[110].

식음료의 경우도 각자 취향에 맞는 디자인을 구현하면서 개인 취향에 맞는 형태와 식자재의 비율로 제작이 가능하다. 그림 4.15에서는 초콜릿 케이크 제작을 보여주고 있고 다양한 토핑이 가능한 피자 제작이 3D 프린팅 공정으로 가능함을 보여주고 있다[112,113]. 물을 얼리는 얼음 제작 3D 프린터가 이미 나와 있기 때문에 이를 이용하면 3차원적으로 복잡한 형상을 얼음으로 제작할 수가 있다(그림 4.16)[114, 115].

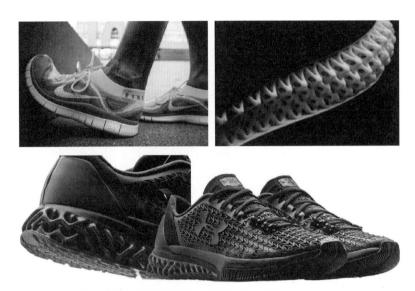

그림 4.14 각 개인의 체형과 취향에 맞추어 3D 프린터로 제작된 신발

출처 : The Guardian

그림 4.15 3D 프린터에 의해 만들어진 각종 초콜릿과 피자들

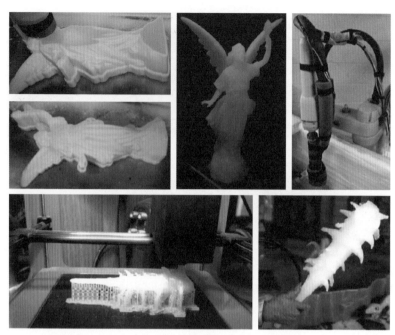

그림 4.16 얼음으로 3차원 형상을 만드는 두 종류의 3D 프린터와 시작품들

4.3 설계와 공학에의 응용

설계를 하는 데 눈으로 형상을 구체적으로 보는 것은 대단히 중요하다. 그래야만 시각적으로 설계할 대상에 대해서 여러 측면에서 설계의 변화를 꾀할 수가 있기 때문이다. 그림 4.17에서 보는 것처럼 복잡한 배의 구조를 이해하는 데는 배를 축소하여 내부 구조를 볼 수 있도록 하면 훨씬 빨리 배의 구조를 이해하고 설계할 수 있다. 또한 피스톤과 실린더의 구조를 절단하여 보여준 3D 프린팅된 모형은 내부 설계 구조를 이해하는 데 편리성을 제공한다[116].

그림 4.17 내부 구조를 볼 수 있도록 절단된 배와 피스톤과 실린더의 3D 프린팅 모형

3D 프린팅으로 만든 3차원 모형을 보면 설계 속도를 빠르게 하고 올바른 설계를 여러 사람들이 공유하면서 할 수가 있다. 또 수학적으로 표현되거나 자연에서 나온 복잡한 3차원 형태를 이해하는 데도 일단 형상 데이터를 가질 수 있으면, 그림 4.18과 그림 4.19처럼 이해하기 어려운 복잡한 3차원 형상을 3D 프린팅으로 만들어 확인하게 되면 물리적으로 이해하기가 쉽다[117].

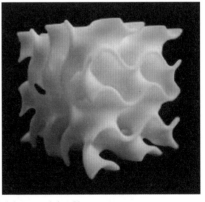

그림 4.18 해석적으로 표현되는 최소 곡면의 설계와 3D 프린팅 모형

그림 4.19 노틸러스 쉘(Nautilus Shell)의 수학적 표현과 실제 쉘에서의 황금 비율 및 3D 프린팅 모델

　어떤 3차원 형상 재료의 물리적인 특성 변화를 컴퓨터로 내부까지 계산하여 분포를 컴퓨터를 통해 볼 수 있다고 해도 한 번에 그러한 물리량 분포를 3차원적으로 이해하기는 쉽지 않다. 물리량의 분포를 표면부터 내부까지 잘 표현해주면 우리가 원하는 단면에서 분포를 볼 수가 있어서 물리적 현상을 이해하는 데 크게 도움이 된다. 물리량 중에서 특히 국소적인 힘의 강도인 응력(Stress)과 온도 분포 등은 제품이나 부품의 강도 설계와 설계가 잘 되었는지 체크하는 데 도움이 되며 온도 분포도 마찬가지로 설계를 개선하는 데 도움을 준다. 그림 4.20에서 브래킷(Bracket)과 터보차져(turbocharger)(터빈에서 기체를 고속으로 압축시켜 공급하는 핵심 부품)에 걸리는 계산에 의해 구해진 응력의 분포를 시각적으로 보여줌으로써 설계의 안전성 여부를 체

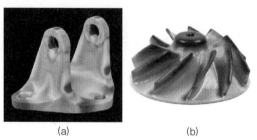

(a) 　　　　　　　　 (b)

그림 4.20 (a) 브래킷에 걸리는 응력 분포를 보여주는 3D 프린팅 모델, (b) 터보차져에 걸리는 응력 분포를 보여주는 3D 프린팅 모델

크할 수가 있고 여러 사람들이 모여서 토의할 때 대단히 편리한 수단
이 된다[118,119].

그림 4.21에서는 수치 계산에 의해서 연소 시 엔진 블록에 나타나
는 온도 분포를 그리고 휴대폰 사용 시 일정 시간이 지나서 휴대폰이
가열될 때 휴대폰 표면에 나타나는 온도 분포를 체크할 수가 있다.

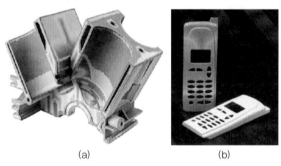

(a)   (b)

그림 4.21 (a) 엔진 블록에서의 온도 분포, (b) 휴대폰에서의 온도 분포

4.4 건축과 토목에서의 응용

건축이나 토목에서 3D 프린팅이 쓰인 지는 꽤 오래되었다. 왜냐하
면 오래전부터 콘크리트를 타설하는 방식이 사용되었는데, 콘크리트
타설 노즐이 정확한 위치로 움직이면서 점진적으로 쌓아 나가면서 3
차원 구조물을 순차적으로 만들어갈 수가 있기 때문이다. 따라서 그
림 4.22에서와 같이 갠트리(Gantry) 형태의 프레임 속에서 X, Y 두 방
향으로 순차적으로 움직이는 직교 이동식 로봇(Cartesian robot) 방식
이거나 아예 자유롭게 이동하는 차량 위에 다관절 로봇처럼 움직이는
타설관과 노즐을 설치하면 여러 자유도를 가지고 3차원 구조물을 일
종의 3D 프린팅 건축물로 만들 수 있게 된다[120].

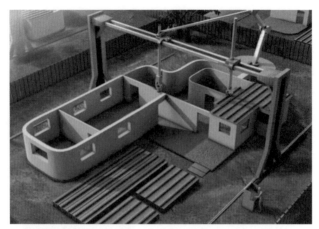

그림 4.22 갠트리 방식의 건축용 3D 프린터

그림 4.23에서 보인 다관절 로봇은 카자라는 실리콘 밸리 벤처 기업의 '미니 탱크'라 불리는 일종의 3D 프린터 크레인인데, 하루에 콘크리트를 약 200m³ 정도까지 시공이 가능하고 일반 크레인에 비해 50% 이상 빠른 속도로 움직일 수가 있다고 한다[121].

그림 4.23 카자사의 미니 탱크라는 이름의 다관절 건축용 3D 프린팅 로봇

그림 4.24(a), (b)에서는 3D 프린팅 건축물과 3D 프린팅 주택 단지를 보여주고 있다[122]. 그림 4.24(c)는 중국에서 만든 3D 프린팅 저택을 보여주고 있는데, 이는 3D 프린팅으로 건축하는 중국의 전문 건축회사가 만든 것이다[123].

그림 4.24 (a) 곡면을 가진 3D 프린팅 하우스, (b) 3 D프린팅 주택 단지, (c) 중국 Winsun사의 3D 건축물

두바이에서는 3D 프린팅으로는 세계에서 가장 크다고 알려진 건축 구조물을 보여주고 있는데, 건축 중간 단계를 보여주는 그림 4.25에서와 같이 강도 측면에서도 최적화된 설계를 할 수가 있어서 비강도(Specific strength(단위무게당의 강도)가 큰 건축물을 만들어낼 수가 있다[124].

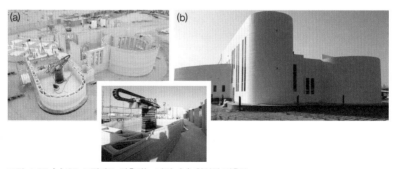

그림 4.25 (a) 3D 프린터로 건축하는 과정, (b) 완성된 건축물

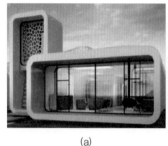 

(a)   (b)

그림 4.26 (a) 3D 프린팅으로 세계 최초로 지은 사무 공간, (b) 3D 프린팅으로 지은 두바이 미래박물관

두바이는 앞으로 2030년까지 3D 프린팅 건축물 비중을 25%까지 높인다고 계획하고 있는데, 그림 4.26에는 세계에서 처음으로 지어낸 3D 사무 공간과 3D 프린팅이 아니면 많은 시간이 걸리는 자유 곡면을 가진 두바이의 미래박물관을 보여주고 있다[125,126].

그림 4.27에는 대형 플라스틱 구조물을 만드는 대형 3D 프린터를 보여주고 있는데, 거리의 플라스틱 벤치라든가 예술적이면서 실용적인 각종 플라스틱 도시조형물이 흥미롭다[127].

또 그림 4.28에는 주간에는 햇빛이 투과하고 밤에는 빛을 비추는 3D 프린터로 만든 대형 가림막(Pavilion)과 플라스틱 벤치, 플라스틱 구조물로는 세계에서 가장 큰 대형 구조물을 보여주고 있다[128-130].

그림 4.29에는 다관절 로봇으로 구성된 대형 금속 3D 프린터로 세계에서 처음으로 제작되는 강철 다리의 공정과 완성된 다리를 보여주고 있다[131,132].

(a)

(b)

그림 4.27 (a) 대형 플라스틱 구조물의 제작을 위한 3D 프린터와 공정, (b) 플라스틱 도시 조형물

그림 4.28 3D 프린팅으로 제작된 (a) 대형 플라스틱 차광막, (b) 플라스틱 벤치, (c) 대형 플라스틱 구조물

그림 4.29 다관절 로봇으로 구성된 금속 3D 프린터로 다리를 제작하고 있는 모습과 완성된 금속 다리

이 밖에 토목에서의 3D 프린팅 응용도 활발한데, 그림 4.30에서 보이는 것같이 3차원 지도 작성이라든가 도시 계획을 위한 지역의 3차원 건축물을 효과적으로 열람할 수가 있어서 효과적인 도시 설계를 수행할 수가 있다(133,134).

그림 4.30 (a) 3D 프린터로 만든 3차원 산악 모형, (b) 서울의 용산 도시 개발 계획을 위한 3D 프린팅 모형, (c) 주거 단지 개발을 위한 도시 계획 3D 프린팅 모형

4.5 자동차 산업과 우주항공 산업에의 응용

자동차 산업에서는 오래전부터 설계에서 3D 프린팅을 활용해왔는데, 수많은 종류의 부품을 3D 프린팅으로 시작품을 만들어 설계 체크를 해왔으며 라디에이터 그릴(그림 4.31(a, b))이나 대쉬 보드 같은 플라스틱 제품(그림 4.31(c))들은 3D 프린팅으로부터 만든 고무 몰드를 활용하여 시작 자동차(Prototype car)를 만들 때 활용해오고 있다(135,136). 상당히 오랫동안 3D 프린팅은 형상을 위주로 설계를 체크하는 목적으

로 주로 활용되었으나 점점 더 기능성이 있는 시작품을 제작하는 데 널리 쓰이고 있다.

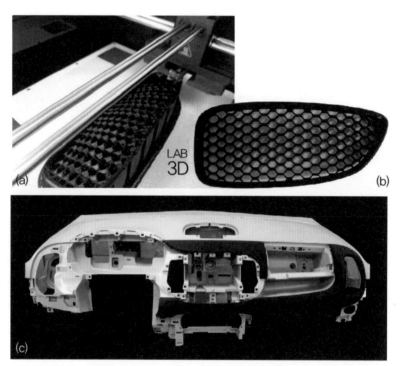

그림 4.31 (a) 3D 프린터에서 제작 중인 자동차 그릴, (b) 완성된 시작품, (c) 3D 프린팅된 대쉬 보드

그림 4.32(a)에서처럼 자동차 전체의 설계를 검토하는 단계에서도 자동차의 모형을 만들어 설계를 전반적으로 검토하기도 한다. Stratasys 사에서는 Urbee2라는 이름의 콘셉트 자동차를 처음으로 3D 프린터에서 대부분 제작하여 실제로 시운전을 한 바도 있다[137]. 3D 프린팅으로 자동차를 제작할 수 있는 가능성을 보여주기 위해서 Local Motors 사에서는 Strati라 불리는 차의 대부분을 4일 만에 3D 프린팅으로 제작하여 시운전한 사례도 있다(그림 4.32(b))[138]. Strati의 3D 프린팅에 의

한 제작은 앞으로 3D 프린팅이 자동차 제작의 새로운 시대를 열 수 있는 가능성을 충분히 보여주었다고 본다. 그림 4.32(c)에서는 일반 승용차용으로 3D 프린팅으로 제작이 가능한 수많은 부품들을 일목요연하게 보여주고 있다[139]. 이로부터 향후 3D 프린팅이 자동차 제조에서 새로운 혁신을 일으킬 것으로 기대되고 있다.

Fortus 900 3D 프린터 앞에서 Urbee2의
1:6 축소모형을 보여주고 있는 디자이너 Jim Kor
(사진 : Kor EcoLogic)

(a)

(b)　　　　(c)

그림 4.32 (a) Urbee2 콘셉트 모델, (b) 대부분을 3D 프린팅으로 제작한 시작 자동차 Strati, (c) 자동차에서 3D 프린팅이 가능한 부품군

　　항공 산업에서 3D 프린팅의 활용은 이미 활발하게 진행되고 있다. 항공기 제조의 특성상 대량 생산 체제가 아니고 소량 생산이기 때문에 소재와 강도 문제가 해결되면 앞으로 광범위하게 3D 프린팅이 활용될 전망이다. EADS(European Aerospace and Defense Group)사에서

는 일종의 SLS 공정을 이용, 고밀도 고강도 부품을 제작하여 비행기의
주요 핵심 부품인 날개 브래킷(Wing Bracket, 그림 4.33(b))을 생산하여
Airbus에 쓰도록 하였다. 컴퓨터 설계로 디자인을 최적화하여(그림
4.33(a)에 기존 단조품을 보여주고 있는데, 제작상의 한계로 무게를 줄
일 수 없었음) 3D 프린팅으로 제작함으로써 무게를 40%나 줄일 수 있
었다. GE에서도 기존에 여러 개의 부품으로 된 제트 엔진의 연료 노
즐을 3D 프린팅으로 일체형으로 제작하여 무게도 25% 줄이고 부품
수명도 5배나 늘릴 수 있게 되었다(그림 4.33(c))[140,141].

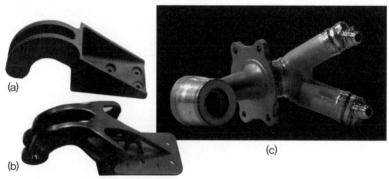

그림 4.33 (a) 기존 단조품, (b) 최적화 설계되어 3D 프린팅으로 만든 윙 브래킷, (c) 3D 프린터로 만들
어진 일체형 연료 노즐

　　호주 Monash대학에서는 3D 프린터로 비행기의 가스 터빈 엔진을
처음으로 제작해 선보였으며(그림 4.34(a)), 에어버스에서는 대부분의
부품을 3D 프린터로 제작한 무인 항공기 토르(그림 4.34(b))를 2016년
베를린 국제항공박람회에서 선보인 바 있다. 3D 프린팅은 우주산업
에도 이미 쓰이기 시작하여 2018년에는 뉴질랜드의 민간 우주항공 산
업 업체인 로켓랩에서 3D 프린터로 제작한 부품들을 탑재한 로켓 일
렉트론을 발사에 성공하였다(그림 4.34(c)). 향후에 항공우주 산업에 광
범위하게 3D 프린팅이 응용될 것으로 전망하고 있다[142~144].

그림 4.34 (a) 3D 프린터로 최초로 제작된 항공기 엔진, (b) 3D 프린터로 제작된 세계 최초의 무인 비행기 'Thor', (c) 3D 프린터로 제작된 부품들을 탑재한 로켓 'Electron'

4.6 방위산업에의 응용

3D 프린팅의 무기 제작과 전반적인 방위산업에의 응용은 외부로 잘 알려져 있지는 않지만 의외로 광범위하게 일어나고 있다. 방위산업의 특성상 항공산업과 마찬가지로 대량 생산이 아닌 소량 생산에 가깝기 때문에 3D 프린팅을 활용하는 것이 일반 제작 방법에 의한 것보다 훨씬 유리한 점들이 많다. 특히 금속 3D 프린팅의 기술이 최근 수년간 크게 발전이 되면서 각종 금속을 이용한 무기 부품이나 기존 무기의 보수에 활발하게 3D 프린팅이 활용되고 있다.

2013년에는 3D 프린터를 이용해서 세계에서 처음으로 실탄 발사가 가능한 플라스틱 권총이 제작되었고(그림 4.35(a)), 같은 해 11월에는 Solid Concepts사에서는 금속 분말을 이용하여 금속 부품을 제작하여 세계 최초로 금속제 권총을 만들어 시험 발사에 성공하였다(그림

(a)

(b)

그림 4.35 (a) 세계 최초로 3D 프린터로 제작된 플라스틱 소재의 피스톨과 구성 부품, (b) 세계 최초로 3D 프린터로 제작된 금속 소재 피스톨과 구성 부품

4.35(b))[145-148].

방위산업 분야에서도 전반적으로 3D 프린팅이 다양한 분야에 쓰이기 시작했는데, 미국 해군에서는 그림 4.36(a)에서 보이는 것처럼 잠수정 선체를 3D 프린팅으로 제작하여 제작 기간을 1/5로 줄여 1개월 만에 만들었고 비용도 90%나 절감한 것으로 보고하고 있다[149]. 사실 방산 무기의 부품을 추가 제작할 경우 수량이 적어 당연히 제작 및 조달에 어려움이 따른다. 그림 4.36(b)에서 보는 바와 같은 수입에 의존하던 복잡한 발칸포 하우징의 조절팬을 3D 프린팅으로 제작함으로써 국내에서 조달할 수 있었다는 보도가 있었다[150]. 단종된 무기나 수입했던 전투기 같은 경우에는 더더욱 생산이 단종된 일부 부품을 대체하고자 할 때 큰 어려움을 겪는데, F-15전투기 엔진의 부품을 3D 금속 프린팅 기술로 수리하여 항공기에 장착할 수 있었다고 보도되고

(a)

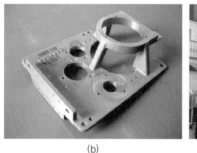

(b)

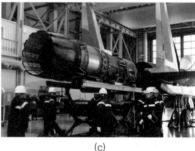

(c)

그림 4.36 (a) 3D 프린터로 제조된 잠수정, (b) 3D 프린팅된 발칸포 하우징 조절팬, (c) 엔진 부품을
3D 금속 프린팅 기술로 제작 수리하여 항공기에 장착한 F-15전투기 사례

있다(그림 4.36(c))[151].

4.7 의료산업에의 응용

1997년에 '페이스오프(FACE/OFF)'라는 영화에서 사람의 귀를 3D
프린팅으로 제작하는 장면이 나온 적이 있었다(그림 4.37). 그 영화에서
는 레이저 광선을 통해 생체조직으로 귀를 제작하는 과정을 보여주는
데, 영화라서 그런지 현실과는 거리가 있다. 레이저로 인체 조직으로
귀를 만들 수는 없고 생체 조직을 배양해서 앞 장에서 나왔던 용착
조형 공정(FDM)과 유사한 공정으로 귀 모양의 지지체(Scaffold)에 생체

조직을 길러서 제작하거나 아니면 생체 적합성 고분자 재질로, 이른바 생체공학적 귀(Bionic ear)라는 것을 만들어 인체에 접합시키는 방법이 현실적으로 가능한 기술로 알려져 있다.

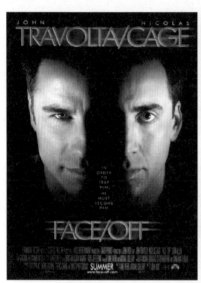

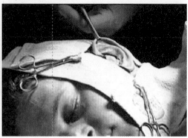

그림 4.37 영화 '페이스오프'에서 나온 3D 프린팅에 의한 귀 제작 장면

3D 프린팅이 의료 분야에 쓰이기 시작한 것은 3D 프린팅이 나온 지 얼마 지나지 않아서였다. 인체의 장기나 뼈를 포함한 인체의 신체는 어느 부분이든지 사람마다 모두 다르기 때문에 의사들이 내부의 신체 조직을 파악하는 데는 기존의 X-ray CT나 MRI CT 등을 통해서 각 단면별로 형상을 파악하여 신체 조직의 형태 등을 모니터 화면을 통해서 쳐다보는 수밖에 없었다. 그러나 3D 프린팅이 나오면서 실제 모양을 전체나 단면별로 관찰할 수 있어서 치료와 수술 등에 편리하게 이를 응용할 수가 있게 되었다. 최근에는 그림 4.38에서 보는 것처럼 투명한 고분자 재료 안에 핏줄이나 종양 같은 내부 조직을 실제

색깔로 표현할 수가 있어서 의사들이 정확하게 병부(Diseased part)를 파악하고 수술 계획을 세우고 이후 수술 자체에도 크게 도움이 됨을 알 수 있다[152-154].

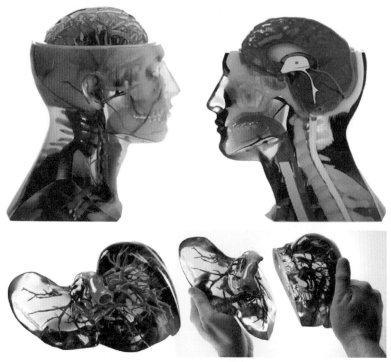

그림 4.38 3D 프린팅에 의한 뇌, 심장 등 인체 기관의 혈관 분포를 포함한 내부 묘사 사례

2002년에 발표된 UCLA 대학병원의 샴쌍둥이의 분리 수술은 3D 프린팅이 수술 계획과 수술 시간 단축에 기여한 성공 사례로 꼽힌다. 대학 병원 의료진은 3D 프린팅으로 제작한 두개골의 모형을 통해서 수술 부위의 정확한 파악과 계획 수립을 효과적으로 함으로써 97시간 정도 예상한 수술 시간을 22시간으로 크게 단축시켰다고 밝혔다(그림 4.39)[155].

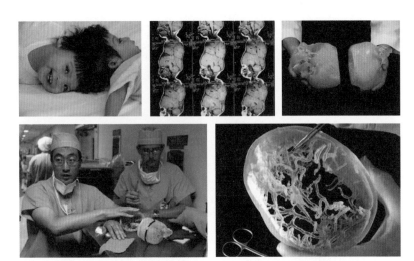

그림 4.39 UCLA대학병원의 샴쌍둥이의 분리 수술에 3D 프린팅을 활용한 사례

3D 프린팅 초기부터 지금까지 의료 관련 응용 중에서 활발한 분야
는 보철(Prosthesis) 영역이다. 사람마다 각각 신체 구조가 다르기 때문
에 3D 프린팅은 각 개인의 신체에 맞게 의족, 의수나 신체의 파손된
부분을 대체하는 효과적인 방법으로 부각되었다(그림 4.40)[156-158].

(a)   (b)

그림 4.40 (a) 3D 프린팅된 의수, (b) 3D 프린팅된 의족, (c) 3D 프린팅된 하악골

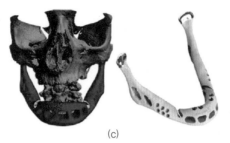

(c)

그림 4.40 (a) 3D 프린팅된 의수, (b) 3D 프린팅된 의족, (c) 3D 프린팅된 하악골(계속)

심지어 의안(Prosthetic eyes)과 같이 정교한 구조도 정밀 3D 프린팅을 통해서 제작할 수가 있다(그림 4.41)[159].

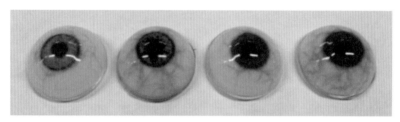

그림 4.41 3D 프린터로 만든 의안

그림 4.42에서 보인 사례는 사고로 인한 두개골의 함몰의 경우에 3차원 스캐닝을 통한 정확한 CT 데이터를 기반으로 3D 프린터에서 함몰된 영역에 정확히 맞는 생체 적합성을 가지는 합성수지 구조물을 제작하여 함몰된 곳에 삽입하여 두개골의 외형을 원상으로 복구시킨 경우다[160].

그림 4.43에 신체 조직에 활용될 수 있는 영역들을 전체적으로 보여주고 있다[161]. 인체 조직 공학(Tissue engineering) 분야에서도 3D 프린팅의 응용은 활발한데 심장 밸브처럼 기능적인 구조물에의 응용은 일찍이 시작되었다. 뼈나 연골, 피부처럼 기능적인 신체조직은 일부

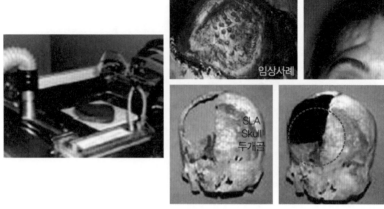

그림 4.42 두개골 함몰을 채우는 3D 프린팅 시작품과 수술 후 사진

적용이 시작되었으며 앞으로 이 분야는 그 응용이 크게 확대되리라고
생각한다. 기능적으로 복잡한 간이나 신장과 같은 장기들도 앞으로
3D 프린팅으로 만드는 시도도 있을 것으로 전망된다. 그림 4.44에는

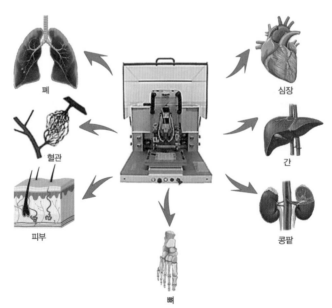

그림 4.43 바이오 3D 프린터로 제작 가능하다고 전망되는 인체 장기들

심장 조직의 일부에 쓰는 혈관을 포함한 심장 패치(Cardiac patch)나 심장 구조 자체를 3D 프린팅으로 만드는 것을 포함한 전체 과정을 보여주고 있다[162].

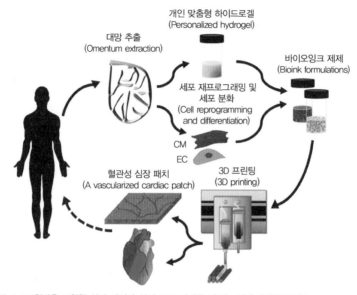

그림 4.44 혈관을 포함한 심장 패치와 심장 구조 자체를 만드는 전체 과정의 모식도

그림 4.45에는 Vacanti가 처음으로 쥐에 소의 연골 세포를 생분해가 가능한 몰드 안에 배양해서 귀 모양으로 만든 다음에 쥐의 피부 안에 이식한 예이다[163].

한편 3D 프린팅 방식으로 사람의 귀와 같은 신체조직을 바로 제

그림 4.45 소의 연골 세포로 만든 귀 모양의 구조물을 쥐의 피부에 이식한 모습

작한 것은 2013년에 이루어졌다. Cornel대학의 Bonassar 교수 등은 소의 연골세포를 젤(Gel) 형태로 만든 다음 콜라겐 지지체구조물(Scaffold)

안에 이를 FDM 방식으로 노즐로부터 적층하여 실제 귀와 같이 만드는 데 성공하였다. 앞에 설명한 용착 조형 공정(FDM)과 유사한 방식을 이용하여 소의 연골조직을 이용한 3D 프린팅된 귀(그림 4.46(a))와 생체 적합성 재료로 귀를 만든 사례들이 나와 있다[164,165]. 실제 귀와 같은 기능을 하는 생체적합성을 가진 합성수지를 이용한 생체 공학적 귀(Bionic ear)도 FDM 방식으로 3D 프린팅되었다(그림 4.46(b))[166,167].

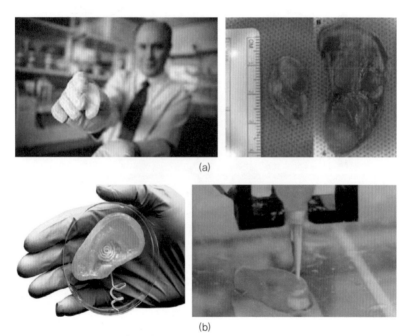

(a)

(b)

그림 4.46 (a) 소의 연골을 이용하여 3D 프린팅된 귀, (b)생체 적합성 재료로 만든 생체 공학적 귀

생체 적합성 재료로 만든 합성수지 인공 혈관은 벌써 이용되고 있는데, 그림 4.47에 나와 있는 것처럼 인체 조직과 기능면에서 유사한 이른바 바이오 잉크(Bio ink)로 혈관을 제작하는 것을 보여주고 있다. 2017년에는 인간의 혈관망과 유사한 인조 혈관망이 개발되어 앞으로 인공장기 개발 시 크게 도움이 되리라고 전망된다. 생체 조직과 유사

한 소재를 이용하여 3D 프린터로 다양한 신체 조직을 만드는 연구들이 진행되고 있는데, 머지않아 여러 신체 조직의 3D 프린팅에 대한 상용화가 이루어질 것으로 보인다[168-172].

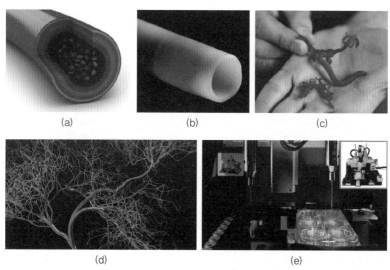

그림 4.47 (a) 인조 혈관의 최종 개발 모식도, (b) Fraunhofer에서 최초로 개발한 인조 혈관(2011), (c) 바이오 3D 프린터로 제작된 초기 혈관망(2014), (d) 실제와 가깝게 3D 프린팅된 인조 혈관망(2017), (e) 바이오 잉크를 이용한 상업화된 피부 조직 제조용 3D 프린터(2015)

수술 현장에서는 생체 조직을 원하는 피부 영역에 맞게 신속하게 공급하여 시술할 필요성이 있다. 특히 화상(Burn wound)과 같이 현장에서 피부를 신속하게 공급해야 되는 경우에는 큰 3D 프린터보다 손으로 들고서 다룰 수 있는 휴대용 간이 3D 프린터가 필요하다. 그림 4.48에는 화상 환자의 피부를 화상 영역의 모양과 크기에 관계없이 현장에서 제작하여 신속하게 이식할 수 있는 휴대용 간이 3D 프린터(Toronto대학, 2020)와 시술 장면을 보여주고 있다[173,174]. 그림 4.48(b)에서 보는 것처럼 생체 재료 필름을 롤러로 화상 표면 위로 깔면서 그 위에 섬유소가 포함된 바이오 잉크에 간엽 줄기세포/간질세포(Mesenchymal

stem/stromal cell, MSCs)와 가교제(cross-linker)를 혼합시키며 적층시
키면서 화상부위에 새로운 피부 세포층을 만든다.

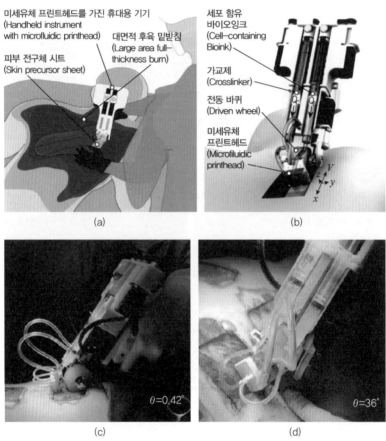

그림 4.48 (a) 임의 화상 피부 영역에 적응할 수 있도록 휴대용 3D 프린터로 필요한 생체 세포막을 공급
하는 모식도, (b)생체 세포를 함유시킨 세포막을 화상 부위 표면에 붙이는 휴대용 3D 프린터
기기, (c) 휴대용 3D 프린터를 이용한 실제 시술 장면, (d) 시술 부위 근접 사진

4.8 문화예술에의 응용

영화산업에서 3D 프린팅은 수많은 영화에서 다양하게 활용되고 있다. 영화를 보다 실감나게 묘사하는 데 도움이 될 뿐만 아니라 영화 제작비를 절감하는 데 크게 기여하고 있다. 2015년에 나온 영화 '쥬라기 월드'에 등장하는 여러 종류의 대단히 정교한 형태의 공룡들의 제작에 3D 프린팅이 다양하게 활용되었다(그림 4.49)[175].

그림 4.49 영화 '쥬라기 월드' 중 3D 프린팅에서 출발한 공룡의 프로토타입과 애니메이션에의 응용 예

그림 4.50에서 해리포터 영화에 등장하는 인물인 론의 머리에 올라가 있는 큰 거미도 3D 프린터로 만든 것이었고[176], 다른 사람으로 분장하기 위해 사용한 실제 얼굴을 모사하는 가면도 여러 영화에서 3D 프린팅으로 만들어 사용되었다(그림 4.51)[177].

그림 4.50 3D 프린터로 만든 큰 거미

그림 4.51 분장용 3D 프린트 얼굴 시작품

2010년에 제작된 영화 '아이언맨 2'에서 주인공과 등장인물들이 입은 무장 슈트도 3D 프린터로 만들어 구현한 것이다(그림 4.52)[178,179].

그림 4.52 무장 슈트 입은 주인공과 등장인물들(아이언맨 2)

예술 분야에서도 3D 프린팅은 다양하게 활용되고 있는데, 사용이 편리한 여러 가지 3차원 모델링 소프트웨어가 상업적으로 개발되면서 예술가들이 손으로 표현하기 어려운 복잡한 3차원 형태들을 작품 영역에 도입하게 되었다. 조각 작품도 손으로 작업하기 어려운 3차원 형태를 3D 프린터로 제작할 수 있게 됨으로써 그림 4.53과 같은 복잡한 조각들도 구현할 수 있게 되었다[180-182].

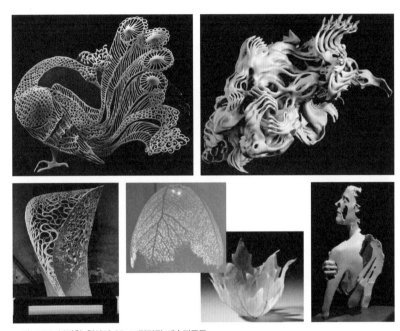

그림 4.53 복잡한 형상의 3D 프린팅된 예술작품들

동적인 움직임 속에서 순간을 포착하는 예술 작품은 예술가의 입장에서도 대단히 어렵다. 공간에서 거의 이산적으로 움직이는 형상 예컨대 물에 뛰어든 물고기에 의해 튀는 물방울의 비산(그림 4.54)은 조각으로 표현할 수도 없으나 3D 프린팅의 경우는 영상을 확보하면 3D 프린터로 이를 재현해낼 수가 있어서 예술의 새로운 장르로 발전할 가능성이 있다[183].

종전에는 세라믹으로 작품을 만들려면 수많은 단계의 복잡한 작업을 거치던 3차원 형상 조형 작품도 이제는 작가가 컴퓨터로 3차원 모델링을 하면 비교적 짧은 시간 내에 세라믹 작품을 만들 수 있게 되었다. 하단의 세라믹 화병들은 네덜란드의 예술가 Oliver van Herpt가 3D 프린팅으로 제작한 작품들이다(그림 4.55)[184,185].

그림 4.54 물고기가 물에서 튀어 오른 각각의 순간을 3D 프린터로 묘사한 작품

그림 4.55 3D 모델링에 의한 데이터로부터 3D 프린팅한 세라믹 작품들

또한 손으로는 제작이 어려운 형상도 3D 프린터로는 쉽게 제작할 수가 있게 되었다. 그림 4.56에서 보는 바와 같은 세라믹 화병들을 디자인하여 만들 수 있게 되었다[186].

그림 4.56 3D 프린팅으로 제작한 각종 복잡한 형태의 세라믹 화병들

이란의 예술가인 Morehshin Allahyari는 고대의 작품인 파괴된 조각상을 3D 프린터로 복원하였다(그림 4.57)[187].

일부 파손된 예술품 복원의 예로, 그림 4.58에서는 컴퓨터에서의 복원 작업을 거쳐 실제 복원된 손을 보여주고 있다. 조각상에서 손가락이 파손된 것을

그림 4.57 파괴된 고대 조각상을 3D 프린터로 복원한 사례

온전한 손의 스캐닝으로부터 구한 자료를 이용하여 파손된 손가락들의 수치 정보를 복원한 다음 이를 이용해 파손 부위의 손가락들을 제작해서 붙임으로써 그림처럼 온전한 손으로 복원되었다[188]. 그림 4.59에는 이탈리아에서는 고대 시리아 조각품의 얼굴 일부가 파손된 것을 3D스캐닝 작업을 거쳐 3D 프린터로 복원한 모습을 보여주고 있다[189].

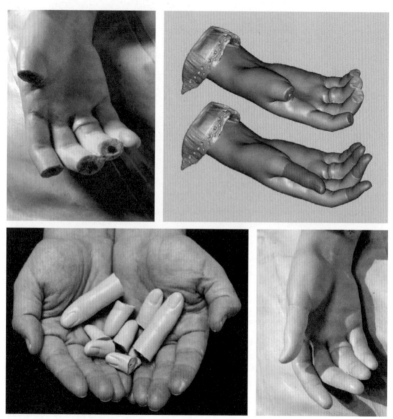

그림 4.58 손가락들이 파손된 조각상의 손과 없어진 손가락들을 3D 프린터로 제작하여 해당 위치에 붙여 손을 복원한 모습

그림 4.59 고대 시리아 조각상의 파손 부위를 3D 프린터로 제작하여 파손된 위치에 접착하여 조각상을 복원시킨 모습

미술 영역에서도 서양화가들의 유화 작품을 3D 프린팅 기법을 이용하여 재현하고 있는데, 그림 4.60(a)는 반 고흐의 그림(Irises)을 재현한 사례이며 그림 4.60(b)에서는 렘브란트의 그림을 3D 프린터로 복제한 것을 보여주고 있다[190,191].

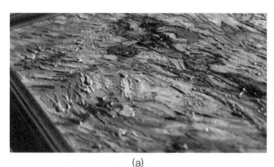

(a)   (b)

그림 4.60 3D 프린팅에 의한 예술작품의 재현. (a) 반 고흐의 붓꽃(Irises), (b) 렘브란트의 초상화

4.9 기타 산업 분야에의 응용

농업 분야

일반 가정에서 가내 농업 시 필요한 기구의 제작에도 3D 프린팅을 효과적으로 사용하는 예가 그림 4.61에 나와 있다[192,193]. 요즈음 스마트 파밍(Smart farming)이 농업의 큰 경향인데 여기에도 3D 프린팅이 효과적으로 활용될 것으로 기대되고 있다.

3D 프린팅으로 제작된 물 및 영양공급과 채소 재배용기들의 연결을 위한 연결구

그림 4.61 채소 재배 화분 수에 따라 융통성 있게 연결하여 쓸 수 있도록 하는 연결 시스템

도시에서 빌딩 내에서 소규모 농사를 하는 경우가 늘어나면서 그에 필요한 특수한 농기구의 소량 생산이 필요할 때 이러한 수요에 부응하기 위해 3D 프린팅으로 제작하는 것이 경제적이고 신속하게 대처할 수가 있다(그림 4.62(a))[194]. 일반 농가에서 농기계의 일부 부품을

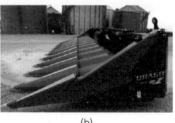

(a) (b)

그림 4.62 (a) 농기계에 소량으로 들어가는 3D 프린팅된 부품, (b) 농기계에 부착되어 쓰는 3D 프린팅된 부품이 부착된 조립 단위

조달하는 데도 3D 프린팅으로 신속하게 제작하여 사용할 수 있다(그림 4.62(b))[195].

주방기구 분야

세라믹 소재가 3D 프린팅 기술이 나온 초기부터 세라믹 분말을 이용한 시작품들이 만들어지고는 했는데, SLA 타입의 3D 프린팅에서도 세라믹 소재가 도입되면서 더욱 정교하고 복잡한 3차원 디자인의 가정용 주방기구들이 3D 프린팅으로 만들어지기 시작하였다(그림 4.63)[196,197].

그림 4.63 3차원 디자인이 구현된 3D 프린터로 제작된 주방기기

세라믹 제품의 3D 프린팅을 활용한 제작의 경우 일찍이 천연색이 구현되어 그림 4.64에서 보는 바와 같이 기존 제작 방법으로는 구현이 힘든 아름다운 3차원 형상의 디자인과 천연색이 구현된 각종 컵이나

그림 4.64 3D 프린팅에 의해 복잡한 3차원 형상과 천연색이 구현된 컵들과 용기 및 화병

화병 같은 제품들이 나오게 되었다[198,199]. 숟가락이나 포크 같은 금속 주방기기도 정교한 DMLS 같은 정교한 공정을 갖춘 금속 3D 프린터들이 등장함으로써 그림 4.65와 같이 3차원의 아름다운 디자인이 구현된 테이블 세트들을 만들 수 있게 되었다[200,201].

그림 4.65 주방 테이블 세트

보석 및 귀금속 분야

정밀한 3D 프린팅 기술들은 각종 보석 제작 산업에서도 활발하게 쓰이기 시작하였다. 금과 은은 산화가 잘 되지 않고 가공성이 좋아 인류 역사상 오랫동안 귀금속의 대명사로 불렸다. 3D 프린팅이 상품화된 초기, 플라스틱 재료를 3D 프린팅으로 시작품을 만들 때에 이미 보석 산업에서는 3D 프린팅을 활발하게 이용하고 있었다. 인베스트먼트 캐스팅(Investment casting)(용융이 쉬운 왁스 같은 재료로 복잡한 형상을 만든 다음 그 표면에 세라믹층을 적절한 두께로 껍질을 만들고 고화되면 열을 가해서 내부의 왁스를 녹이면 일종의 작은 주형이 만들어짐. 여기에 용융된 금속을 부어 응고시킨 다음 세라믹 껍질을 깨서 제거하면 정교한 금속 형상이 얻어지는데, 정밀한 금속 형상을 주조할 때 많이 쓰이는 방법임) 방법을 이용하여 섬세한 다양한 3차원 패턴으로 귀금속을 가공할 수가 있기 때문이다.

그림 4.66에 파란 색으로 3D 프린팅된 패턴과 이로부터 세라믹 주

형을 이용해 인베스트먼트 캐스팅으로 제작된 금과 은 재료의 반지 제품을 보여주고 있다[202,203].

그림 4.66 3D 프린팅 패턴과 이로부터 제작된 귀금속 반지

이와는 달리 그림 4.67에서는 귀금속 가루를 이용해서 DMLS 공정을 통해 만든 금으로 된 조형물들을 보여주고 있다[204,205]. 그림 4.67의 오른쪽에 있는 얇은 금으로 된 다공성 쉘(Shell)은 두 공간을 최소면으로 분리한 수학적 면인데, 수공으로는 힘들지만 3D 프린팅으로는 수학식을 통해서 쉽게 만들어낼 수 있게 된다.

그림 4.67 3D 프린팅으로 제작된 귀금속 제품들

동전 및 기념주화 제조 분야

동전 제조(Coin manufacturing) 분야에서도 3D 프린팅 기술이 활발하게 이용되고 있는데, 영화 '터미네이터' 출시를 기념하여 만든 기념

주화도 소프트웨어를 통해서 3차원 모델링한 패턴을 이용하여 그림 4.68과 같이 기념주화를 만들거나 주화 모형을 만들었다[206,207].

그림 4.68 3D 프린팅으로 시험 제조된 동전 및 기념주화

3D 프린팅의 새로운 기술들과 소재들이 끊임없이 개발되고 있는 중이고, 이에 따른 새로운 응용 분야들이 계속 생겨나고 있으며, 관련된 산업들도 새롭게 창출되고 있다. 앞에서 언급된 여러 분야들 외에도 3D 프린팅이 적용되는 영역은 헤아릴 수 없이 많고, 점차 그 응용 영역이 넓어지고 있는 상황이며, 오직 인간의 상상력만이 그 응용을 제한할 뿐이다.

4.10 4D 프린팅의 등장과 응용의 확대

앞에서 3D 프린팅의 원리와 응용의 여러 분야들에 대해서 알아보았는데, 결국 3D 프린팅의 기술을 확장하면 시간에 따라 또는 어떤 물리적 변수의 변화에 따라서 형상이 점차 바뀌는 것이 가능해지며 이에 따른 새로운 응용도 생겨나게 된다. 이렇게 3D 프린팅으로 만든 형상이 물리적인 변수나 시간에 따라서 변화하도록 하는 것을 4D 프린팅이라고 부르며 최근 들어 3D 프린팅의 한 분야로 자리 잡게 되었다. 4D 프린팅에서는 시간뿐 아니라 온도, 힘, 압력, 습도, pH, 전압,

전장, 자장 등 물리적 변수에 따라 모양이 바뀌는 소재가 존재하는데, 결국 4D 프린팅에서는 선택한 물리적 변수에 따라서 민감하게 반응하는 소재를 찾아내고 그 효과가 극대화되도록 형상을 설계하는 것이 관건이다.

4D 프린팅이 일반에 용어가 알려진 것은 MIT 자가 조립 연구실(Self-Assembly Lab)의 Skylar Tibbits이 TED 강연에서 4D 프린팅이라는 표현을 사용하면서 시작되었다. 그는 그림 4.69에서 보이는 것과 같은 일자형의 막대를 물에 넣음으로써 점차 모양이 바뀌어 3차원 구조물이 되는 것을 보여주고, 또 그림 4.70에서처럼 판형으로 전개된 모양에서부터 액체에 넣을 때 정사면체 박스 형태나 육면체로 구성된 평면 전개 형태에서 구(Ball) 형태로 스스로 조립되면서 점차 형상이 바뀔 수 있음을 동영상으로 보여주었다.

그림 4.69 물속에 넣으면 일자 막대 모양에서 3차원 구조로 바뀌는 예

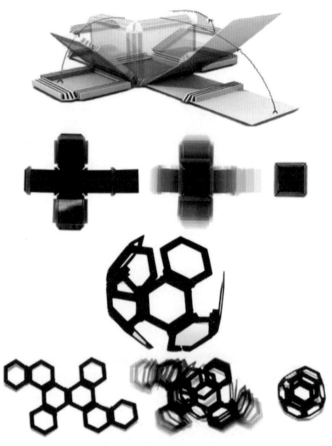

그림 4.70 액체 속에 넣으면 평면적으로 펼쳐진 형태에서부터 상자 모양이나 구 형태로 바뀌는 예

Tibbits는 응용 사례로 환경 변화에 따라 파이프의 모양이 바뀌어 파이프 내에 흐르는 유량을 조절할 수 있는 가능성도 보여주었다(그림 4.71)[209]. 이후 여러 연구진에서 4D 프린팅의 흥미로운 응용 사례들을 소개하였는데, 그림 4.72는 온도에 반응하는 재료로 만든 그리퍼(Gripper)로 볼트를 잡고 들어 올리는 동작을 구현하는 것을 보여주고 있다[210]. 그림 4.73에는 원추대 내부의 체적을 변형시켜 87%나 축소시키는 작동을 보이고 있다[211]. 4D 프린팅은 어떤 물리적 변수를 바

꾸어줌으로써 형상을 변화시켜 여러 분야에 응용할 수 있을 것으로 기대되는데, 자가 수리(Self-repair) 및 자가 조립(Self-assembly) 시스템, 극한 상황 대처, 의료산업, 패션 등 수많은 분야에서 활용될 것으로 전망되고 있다.

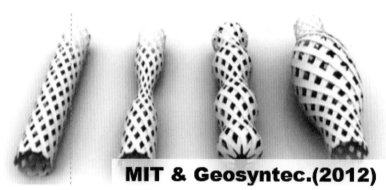

그림 4.71 지하에 매설된 파이프가 환경 변화에 따라 단면이 바뀌어 유량이 조절되는 양상

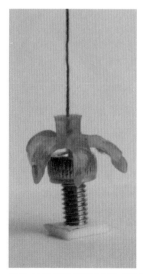

그림 4.72 온도 변화에 따라 형상이 변하여 볼트를 잡는 모습

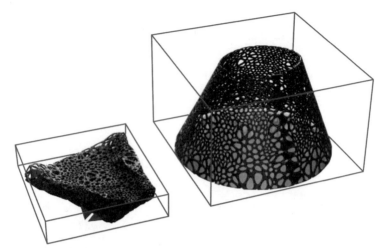

그림 4.73 환경 변화에 따라 형태가 크게 바뀌어 체적이 감소하는 4D 프린팅의 예

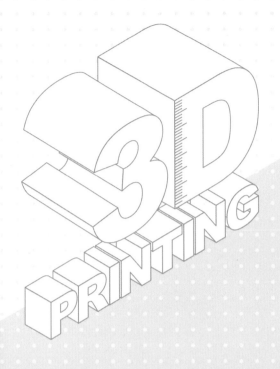

3D 프린팅의 미래 전망

3D 프린팅의 미래 전망

그림 5.1에서 보는 것과 같이 최근 3D 프린팅 관련 시장에서의 각종 하드웨어 및 소프트웨어, 공정, 재료 등 각 분야의 비중을 보면 아직 하드웨어가 가장 큰 비중을 차지하고 있고 과거에 고분자 소재를 주 재료로 하는 3D 프린터들이 주종을 이루었다. 그러나 최근 생산에 3D 프린터가 활발히 이용되기 시작하면서 금속 3D 프린터가 큰 비중을 차지하고 있으며, 이에 따라 공급 재료 면에서도 금속 소재의 비중이 고분자를 앞지르기 시작하였다[213].

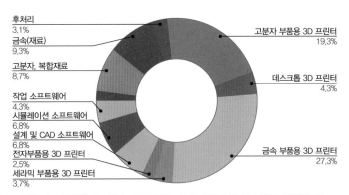

그림 5.1 적층 제조 분야의 하드웨어, 소프트웨어, 소재, 후처리 등 각 분야의 비중(2019)

그림 5.2는 2018년부터 2029년까지의 3D 프린팅 기계를 위주로 한 하드웨어, 소재, 서비스, 소프트웨어의 성장 전망을 보여준 도표이다. 3D 프린팅 서비스 분야는 크게 성장할 전망이고 소재와 하드웨어도 함께 성장할 것으로 나타나, 시장 규모 역시 전체적으로는 10년간 5배 이상 성장할 것으로 전망하고 있다.

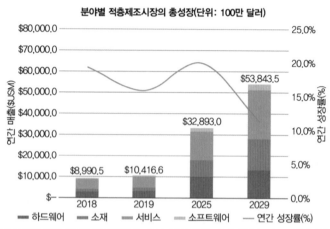

그림 5.2 2018년 이후 10년간 하드웨어(주로 3D 프린팅 기계), 소재, 서비스, 소프트웨어의 성장 전망

최근 들어 뚜렷한 경향은 금속 제품을 직접 3D 프린팅으로 제조하여 실제 제품에 바로 사용하는 추세가 늘면서 그림 5.3에서 보는 것처럼 금속 3D 프린팅이 향후 10년간 크게 늘어날 것으로 보고되고 있는데, 이것이 3D 프린팅 전체 산업에도 큰 영향을 미치고 있다[214].

그림 5.4에서 Gartner가 3D 프린팅 분야와 응용을 상업적, 또 실제 응용 측면에서 활성화되는 기간에 대한 전망을 표시한 곡선이다. 현재 시장에 나와 있든지 아니면 개발 초기에 있든지 간에 기술이 완전 상업화되어 보편화하는데, 즉 정체부(Plateau)(성숙에 들어서는 그림의 평평한 수평 부분)에 들어선다. 경우에 따라서는 상당한 시간이 소요될 것임을 시사하고 있다.

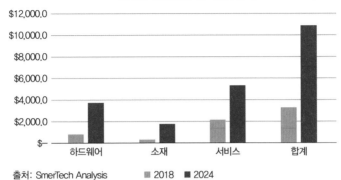

금속 적층제조시장의 분야별 연간 총매출
2018년 vs. 2024(단위: 100만 달러)

출처: SmerTech Analysis ■ 2018 ■ 2024

그림 5.3 2018년부터 10년간 금속 적층 제조 공정의 하드웨어, 소재, 서비스 분야의 매출 규모 추이

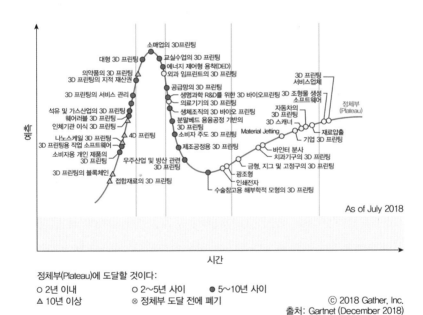

정체부(Plateau)에 도달할 것이다:
○ 2년 이내 ○ 2~5년 사이 ● 5~10년 사이
△ 10년 이상 ⊗ 정체부 도달 전에 폐기

ⓒ 2018 Gather, Inc.
출처: Gartnet (December 2018)

그림 5.4 3D 프린팅의 각 기술과 응용 분야에 따른 하이프 사이클 곡선(Hype cycle curve)

오늘날은 소비자들이 자신들의 기호에 따라 개성적인 제품을 원하는 경향이 크고 이러한 추세는 점차 증가할 것으로 예상된다. 대량 생산에 속했던 많은 영역이 주문 생산으로 바뀌는 추세는 계속될 것으

로 전망된다. 형상을 보는 모형으로서의 3D 프린팅 시작품을 넘어서 소재의 기능성을 더욱 요구하게 되고 기능성 플라스틱, 복합 재료, 세라믹, 전자 재료와 함께 금속 소재가 3D 프린터에 보다 더 도입될 것이다. 또한 데스크톱 3D 프린터들이 많이 등장하면서 학교나 가정에서도 쉽게 사용할 수 있는 3D 프린터들이 뚜렷한 영역으로 자리 잡고 있음을 알 수 있다. 3D 프린터들이 이전보다 훨씬 정밀도가 증가하고 속도 또한 크게 향상되면서 기존의 2차 공정의 부담이 줄어든 추세도 보이고 있다. 3D 프린터가 복잡한 설계 형상을 가능케 하면서 관련된 각종 편의성이 높은 소프트웨어 개발도 활발히 진행되고 있다.

전장에서 3D 프린팅의 다양한 분야에서의 응용에 대해서 살펴보았는데, 지금까지 여러 해에 걸쳐서 3D 프린팅 기술이 크게 발전해왔고, 앞으로도 계속 새로운 3D 프린팅 공정들이 등장할 것으로 예견되며, 소비자와 시장의 환경도 이에 따라 끊임없이 바뀌어갈 것으로 생각된다. 3D 프린팅의 향후 전망을 크게 다음과 같이 나누어 정리할 수 있다.

5.1 개인적인 3D 프린팅(Personal 3D printing)의 활성화

- 맞춤형 3D 프린팅 기술과 3D 프린터들이 보강되어 맞춤형으로 상업화될 것이다.
- 저가형 3D 프린터들이 많이 개발되고 상업화되어 나올 것이며 특히 운영비도 크게 절감된 모델들이 나올 것으로 전망된다. 비교적 기능도 좋은 저가형 3D 프린터들이 학교뿐 아니라 일반 가정에도 널리 확산될 것이다.
- 3D 프린팅을 위한 데이터의 취급이 훨씬 단순화되고 편리해질

것이다.

- 저가형 스캐너들이 등장할 것이고 스마트폰 지원을 받는 카메라 기반의 스캐닝이 도입되어 3D 프린팅의 데이터 준비가 훨씬 더 용이해질 것이다.

5.2 맞춤 생산형 3D 프린팅 공정과 프린터들의 등장

- 4차 산업혁명 시대를 맞아 세계적으로 맞춤형 생산이 기존의 대량 생산 체계를 대체하기 시작하면서 3D 프린팅이 4차 산업혁명의 핵심 기술로 등장할 것이다.
- 맞춤형 생산에 맞도록 실제 대량 생산에 쓰는 소재들이 대거 3D 프린터에 공급되고 이에 맞는 3D 프린터들이 응용 분야별로 시장에 많이 나올 것이다.
- 맞춤형 생산을 위주로 하는 스마트 생산 역량을 갖춘 소기업들이 기존의 대량생산업체들의 협력업체들을 대신할 것이며, 이들은 국제적인 공급을 하는 새로운 국제적 기업(Global enterprise)으로 활동할 것이다.
- 맞춤형 생산은 우주항공 산업이나 방위산업 같은 소량 생산 분야에 크게 확산될 것이고, 기존의 대량 생산이 주종을 이루던 자동차 및 가전 분야에도 다양한 설계에 대처하는 실제적인 방법으로 준양산형 3D 프린터들이 출시될 것이다.

5.3 3D 프린팅의 고도화 및 진화

- 3D 프린터의 속도가 크게 향상되어 이른바 쾌속 생산(Rapid

manufacturing)(제품을 개인이 원하는 기능과 디자인에 맞추어 개별적으로 신속하게 만드는 생산을 총칭)이 정착되는 시기가 앞당겨질 것이다.

- 제작 속도가 빨라지는 3D 프린팅의 새로운 기술 원리가 개발될 것으로 전망되며 제품 체적(體積)을 한꺼번에 만드는 체적 제작(Volumetric manufacturing)기술도 등장할 것이다.

- 3D 프린팅의 제품 제작 정밀도가 크게 향상되고 실제 재료 표면과 같이 표면품질이 향상되어 후가공 없이 쓸 수 있는 3D 프린팅 기술들이 개발될 것이다.

- 원하는 물성을 갖춘 3D 프린팅이 가능한 신소재들이 많이 도입될 것이며 기능적인 물성이 위치에 따라 점차 달라지는 이른바 기능적인 물성의 구배(Functionally gradient)를 가지는 3D 프린팅 기술이 나올 것으로 전망되며 특히 폼(Foam) 재료 등도 밀도 조절이 가능하게 3D 프린팅될 것이다. 또한 여러 재료가 한 프린터에서 사용되어 몇 가지 재료들이 한 제품 내에 구성되도록 하는 3D 프린터가 나올 것이다.

- 기능과 속도가 좋은 금속 3D 프린터들이 상업화될 것이며, 데스크톱 형태의 비교적 저가형 금속 3D 프린터들이 나올 것이다. 또한 금속과 플라스틱이 한 기계에서 구현이 가능한 3D 프린팅 기술이 나올 것이다.

- 해당 재료 기술과 함께 동적 기능을 가진 시작품을 제작하는 3D 프린팅 기술(Animation-enabled 3D printing, Mobile 3D printing)이 나올 것이다.

- 새로운 2차 공정(Secondary process)들이 개발되어 양산에 3D 프린팅이 많이 도입될 것이다.

- 4D 프린팅 기술이 필요한 각종 물리적 변수에 반응하는 소재의

도입과 함께 실생활과 산업의 여러 분야에 쓰이게 될 것이다.

5.4 3D 프린팅 응용 영역의 확장

- 4장에서 상술한 바와 같이 의류 산업, 패션 업계, 식품업 등을 비롯한 일상생활에서의 광범위한 응용 영역의 확대뿐 아니라 설계, 건축 및 토목, 자동차 산업, 가전 산업, 항공산업, 방위산업, 문화예술, 농업 등 수많은 영역에서 이미 3D 프린팅이 광범위하게 활용되었다. 이들 영역에서의 응용 확장도 이루어지겠지만 우주산업처럼 미래지향적인 분야에서도 꾸준히 3D 프린팅의 응용이 증대되리라고 예상된다.

- 이미 3D 프린팅이 활발하게 응용되고 있는 분야에서 응용 범위가 더욱 넓어지기 위해서는 3D 프린팅에 직접 쓰일 수 있는 새로운 소재의 개발이 뒤따라야 하며, 특히 3D 프린팅이 가능한 금속소재의 개발이 필수적이고, 향후 이와 관련된 기술혁신이 수년 내에 많이 이루어질 것으로 전망된다.

- 3D 프린팅의 가장 중요한 응용 영역으로 우리 인간 생활에 밀접한 관계가 있는 의료 분야의 발전이 크게 이루어지리라고 예상되며 그중 몇 가지를 살펴보면 다음과 같다.

  - 인간의 생체 조직, 즉 피부, 머리카락, 뼈, 혈관 등을 3D 프린팅으로 제작하는 연구 개발이 단계적으로 진행되어 임상에 응용되기 시작할 것이다.

  - 줄기세포의 인체 내 이식 등에도 3D 프린팅 기술이 큰 역할을 함으로써 여러 질병의 치료에 기여할 것으로 전망된다.

  - 의료 CT 데이터의 활용 측면에서도 고정밀화가 이루어져 정교

한 수술의 구현에 3D 프린팅 기술과 함께 기여를 할 것이다.

- 우선은 인체의 심장, 간, 신장 등 인체의 주요 장기의 기능을 일부 대체할 수 있는 바이오닉 소재들이 잉크젯 방식으로 3D 프린팅될 수 있게 될 것이고, 궁극적으로는 인체의 생체 조직 배양 기술의 도움을 받아 그러한 주요 장기들에 대해서 본래의 장기와 가까운 기능을 할 수 있는 의료-3D 프린팅 융합 기술이 개발될 것이다.

나가는 글

1986년에 특허가 나오고 1988년 3D 프린터가 처음으로 상업화되어 세상에 나온 지 32년이 지났다. 그런데 여전히 3D 프린팅의 기술혁신은 계속되고 있고 새로운 상업화 기술들이 끊임없이 나오고 있다. 응용 영역도 우리의 일상생활로부터 우주산업에 이르기까지 끝없이 영역이 확장되고 있다. PC가 처음 나와서 일부 엔지니어들이 쓰기 시작하다가 이제는 집집마다 또 사무실의 책상마다 PC가 놓이게 되었고 컴퓨터로부터 파일을 전송하면 종이에 인쇄해주는 프린터도 마찬가지다. 이제 일반 프린터처럼 3D 프린터도 공학도들의 사무실뿐 아니라 일반 가정에도 널리 보급될 날이 머지않아 오게 될 것이다.

그간 3D 프린터가 일반 대중에서 널리 보급되지 못한 데는 3D 프린팅을 하기 위해서 필요한 데이터를 일반인들이 용이하게 준비하기가 어렵고 프린터와 프린터에 들어가는 소재가 다소 고가인데다 가정에서 쓰기에 건강 문제 등의 안전성 문제가 아직은 남아 있기 때문이다. 그러나 프린터와 소재의 가격이 점차 낮아지고 있고 이제는 휴대폰으로 찍어서 데이터를 만든다든가 하는 보다 간편한 데이터 취득 방식들이 속속 나오고 있어서 일반인들에 대한 보급도 점차 확대되리라고 본다.

3D 프린터가 나오기 전에는 제품을 개발할 때부터 시작품을 만들기까지 많은 시간과 자금을 들여야 했다. 그런데 3D 프린팅으로 시작품을 초기 개발 단계에서 만들어봄으로써 제품 개발 기간이 획기적으로 단축이 되었다. 또한 다품종 소량 생산의 특성을 갖는 방위산업, 항공산업 그리고 스포츠카와 같은 일부 자동차산업에서는 3D 프린팅이 실제 제품 생산에도 활발하게 사용되고 있다. 최근 들어서 정밀한 금속 제품과 복합재료 제품의 제작을 위한 정밀한 3D 프린터들이 개발되고 있고 제작 속도도 크게 향상되어 제품 생산에 적용되고 있다. 3D 프린팅은 일상생활에 쓰이는 제품으로 자신이 선호하는 디자인으로 설계해서 제품을 제작하는 것에서부터 우주산업에 이르기까지 그 적용 영역이 무궁무진하다. 최근에 가장 괄목할 만한 적용 분야로는 의료 분야를 들 수 있는데, 재활 관련 제품부터 수술과 치료에 이르기까지 활발하게 3D 프린팅이 응용되고 있다. 앞으로 인체의 장기까지 3D 프린팅이 적용이 되면 인간의 삶의 질을 향상시키는 데 크게 기여할 것으로 기대된다.

제1장　(1) 7 disruptive innovation technologies to change the future, SERICEO Report, 2013.

(2) https://www.3dpmuseum.com/

(3) https://www.instructables.com/id/Easy-3D-Topographical-Maps/

(4) https://www.pinterest.co.kr/pin/244672192239762842/

(5) Stereolithography: The first 3D Printing Technology, ASME Historic Mechanical Engineering Landmark, ASME, May, 2016.

(6) Rapid Prototyping & Manufacturing: Fundamentals of Stereo-Lithography, Paul F. Jacobs, McGrawHill, 1992.

(7) https://www.stratasys.com/

(8) https://www.stratasys.com/

(9) https://www.tritech3d.co.uk/3d-printers/j850-j835/

(10) Three-dimensional Printing of Transparent Fused Silica Glass, Frederik Kotz, Bastian E. Rapp et al., Nature Vol. 544, pp.337-339, 20 April, 2017.

(11) https://envisiontec.com/

(12) Comparing Laser Based SLA, DLP-SLA, & MSLA 3D Printers for Digital Orthodontics, Scott Frey, The Ortho Cosmos, March 23, 2017.
https://theorthocosmos.com/laser-sla-vs-dlp-vs-masked-sla-3d-printing-technology-compared/

(13) Continuous liquid interface production of 3D objects, John R. Tumblestone, Joseph M. DeSimone et al., Vol. 347, Science, 1349-1352, March 2015.

(14) Bits to Atoms: How Carbon's CLIP 3D Printing Technology Works, Sean Charlesworth, TESTED, May 2016.
https://www.tested.com/tech/3d-printing/570369-bits-atoms-how-carbons-clip-3d-printing-technology-works/

(15) Rapid, large-volume, thermally controlled 3D printing using a mobile liquid interface, David A. Walker, James L. Henrick, Chad A. Mirkin, Science, Vol. 366, 360-364, 2019.

(16) https://www.azul3d.com

(17) Ultraprecise microreproduction of a three-dimensional artistic sculpture by multipath scanning method in two-photon photopolymerization, D.Y. Yang, S.H. Park, T.W. Lim, H.J. Kong, S.W. Yi, H.K. Yang, K.S. Lee Applied Physics Letters 90/1: 1-13, 2007.

(18) https://www.3dprintingmedia.network/quantum-x-nanoscribe-two-photon-grayscale-lithography/

(19) https://www.3dsystems.com/

(20) https://proto3000.com/materials/selective-laser-sintering/

(21) https://www.3dsystems.com/3d-printers/metal

(22) Design of Advanced Injection Mold to Increase Cooling Efficiency, Hong-Suck Kim et al., Int. J. Prec. Eng. Manuf., (7), 319-328, 2020.

(23) https://www.eos.info/en/additive-manufacturing/3d-printing-metal/eos-metal-systems/eos-m-400

(24) https://www.slm-solutions.com/en/slm280/

(25) http://www.formundtechnik.de/292.html?&L=2

(26) https://www.ge.com/additive/who-we-are/about-arcam

(27) https://www.3dnatives.com/en/electron-beam-melting100420174/#!

(28) https://www.sciencedirect.com/topics/engineering/laser-engineered-net-shaping

(29) https://www.sciaky.com/additive-manufacturing/electron-beam-additive-manufacturing-technology

(30) https://facfox.com/news/aerospace/sciaky-ebam-metal-3d-printing-system-wins-award-from-u-s-president.3dm

(31) https://www.stratasys.com/3d-printers/stratasys-f900

(32) https://www.stratasysdirect.com/manufacturing-services/3d-printing/

(33) https://www.stratasys.com/3d-printers/f120

(34) https://www.makerbot.com/3d-printers/replicator-educators-edition/

(35) http://www.ntrexgo.com/archives/16665

(36) https://xyzist.com/product-db/3d-products/all-3d-printers/np-mendel/

(37) http://www.goodmorningcc.com/news/articleView.html?idxno=21889

(38) https://www.3dsystems.com/3d-printers/projet-cjp-660pro

(39) https://zh.treatstock.com/machines/item/91-projet-cjp-660pro

(40) https://m.blog.naver.com/skydownkr/220958383893

(41) https://www8.hp.com/us/en/printers/3d-printers/products/multi-jet-fusion-5200.html

(42) https://www.cubictechnolgies.com

(43) http://www.solido3d.com/

(44) https://3dprint.com/66759/mcor-iris-hd/

(45) https://cleangreen3d.com/product/cg-1-3d-printer/

(46) https://www.camlem.com/camlemprocess.html

(47) Investigation into three-Dimensional Net Shaping using a new Rapid Prototyping Process and Its Applied Technology, D.G. Ahn, D.Y. Yang, S.H. Lee, H.S. Choi, K.D. Kim, 7th ICTP, 2002.

제2장 (49) https://www.scbt.ca/programs/pro-engineer-wildfire/

(50) https://www.cadalyst.com/manufacturing/ugs-nx-3-10312

(51) https://tcatmon.com/wiki/CATIA

(52) https://www.cadalyst.com/manufacturing/unigraphics-nx-2%E2%80%94hard-beat-243

(53) https://3dcadworks.be/en/training/3d-cad-works-advanced-opleiding

(54) https://autodeskmfg.typepad.com/blog/2011/10/autodesk-inventor-eco-materials-advisor.html

(55) https://www.iamag.co/v-ray-3-0-for-3ds-max/

(56) https://www.rhino3d.com/kr/getting-started

(57) https://www.youtube.com/watch?v=q9E6Fx9IYNg

(58) https://www.youtube.com/watch?v=iA6yyWlL4jY

(59) https://www.zeiss.com/metrology/products/systems/coordinate-measuring-machines/bridge-type-cmms/accura.html

(60) https://metrology.news/coordinate-measuring-machine-substantiates-quality/

(61) https://www.faro.com/products/3d-manufacturing/faroarm/

(62) http://mesh.brown.edu/desktop3dscan/ch4-slit.html

(63) http://ritmindustry.com/uk/catalog/3d-laser-scanners-laser-profile-scanners-3d-digitizers/3d-laser-scanner-for-coordinate-measuring-machines-7/

(64) https://www.nasa.gov/image-feature/whole-body-laser-scanner/

(65) https://www.wikiwand.com/en/White_light_scanner

(66) https://www.polyga.com/3d-scanning-101/

(67) https://www.solutionix.com/

(68) https://www.youtube.com/watch?v=8M_-ISYqACo

(69) https://www.qlone.pro,
https://www.youtube.com/watch?v= XkTaCOQ_Ojl

(70) https://www.terabee.com/time-of-flight-principle/

(71) https://www.cyra.com/cyrax2500

(72) http://rfsystemlab.com/en/product/industry/ct/280_380ct.html

(73) https://4nsi.com/systems/x3000

(74) https://www.mountsinai.org/health-library/tests/head-ct-scan

(75) https://en.wikipedia.org/wiki/Computed_tomography_of_the_head

(76) https://3dprintingindustry.com/news/stratasys-unveils-new-j750-multi-color-multi-material-3d-printer-75758/

제3장

(77) 3D printing and Additive manufacturing: Principles and Applications, C. K. Chua and K. F. Leong, World Scientific Publishing Co., 2017.

(78) Rapid prototyping & Manufacturing-Fundamentals and Stereo Lithography, Paul. F. Jacobs, SME, MacGraw_Hill, 1992.

(79) Photopolymerization in 3D Printing, Ali Bagheri and Jianyong Jin, ACS Appl. Polym. Mater. 1, 4, 593-611, 2019.

(80) Image adapted from M.N. Cooke, Novel Stereolithographic manufacture of Biodegradable Bone Tissue Scaffolds, Case Western Reserve University, 2004.

(81) https://www.3dhubs.com/knowledge-base/supports-3d-printing- technology-overview/

(82) https://www.think3d.in/digital-light-processing-dlp-3d-printing- service-india/

(83) Comparing Laser Based SLA, DLP-SLA, & MSLA 3D Printers for Digital Orthodontics, Scott Frey, March 23, 2017, The Ortho Cosmos.

(84) https://theorthocosmos.com/laser-sla-vs-dlp-vs-masked-sla-3d-printing-technology-compared/

(85) Adapted from Fig. 6: 3D complex structures through fused deposition modeling as a rapid prototyping technology designed for replacing anatomic parts of human body, N-D Ciobota, G. Gheorghe, The Scientific Bulletin of Valahla univ. Materials and Mechanics, Vol.16, No.15, 30-33, 2018.

(86) http://www.industrysolutions.co.kr/

(87) https://all3dp.com/2/fused-deposition-modeling-fdm-3d-printing- simply-explained/

(88) https://engineeringproductdesign.com/knowledge-base/sheet-lamination/

(89) https://www.Sciaky.com

(90) https://facfox.com/news/aerospace/sciaky-ebam-metal-3d-printing- system-wins-award-from-u-s-president.3dm

(91) Mechanism of weld formation during very-high-power ultrasonic additive manufacturing of Al alloy 6061, S. Shimizu, H.T. Fujii, Y.S. Sato, H. Kokawa, M.R. Sriraman, S.S. Babu, Acta Materialia, 74, 234-243, 2014.

(92) https://fabrisonic.com/

(93) https://en.wikipedia.org/wiki/Selective_laser_sintering

(94) https://gfxspeak.com/2014/02/28/significant-advantage-standardized/

(95) https://www.stratasysdirect.com/manufacturing- services/~/link. aspx?_id=1347BED2B681459B87470DFCEF3D6813&_z=z

(96) https://www.stratasysdirect.com/it/technologies/direct-metal-laser-sintering

(97) https://www.3dpartsmfg.com/direct-metal-laser-sintering.html

(98) https://www.meddeviceonline.com/doc/direct-metal-laser-sintering-dmls-for-additive-manufacturing-0001

(99) https://en.wikipedia.org/wiki/Powder_bed_and_inkjet_head_3D_ printing

(100) HP Multi Jet Fusion technology, Technical White Paper issued by Hewlett Packard Corp., March 2018.

(101) https://www.machines4u.com.au/mag/different-types-metal-3d-printers/(Source: Loughborough University)

(102) http://www.dtm.com

(103) https://www.prototech.com/processes-build-materials/custom-molding-patterns-casting/

(104) https://www.kings3dprinter.com/case/kings-sla-printing-solution-in-automobile-manufacturing.html

(105) https://amfg.ai/2018/11/15/3d-printing-metal-casting/

(106) https://www.protocam.com/additive-manufacturing-services/stereolithography-sla/quickcast/

(107) 3D printed dresses at Paris Fashion Week, Iris van Herpen's Haute Couture show, 'VOLTAGE', 2013.

(108) https://www.pinterest.es/pin/113504853093778291/

(109) https://3dprint.com/188372/powder-heat-3d-print-glasses/

(110) https://www.businessinsider.com/nike-3d-printed-shoes-are-coming-2015-10

(111) https://3d-print-works.com/blogs/news/3d-printed-shoes?ls=en-GB

제4장

(112) https://3dsourced.com/3d-printers/chocolate-3d-printer/

(113) https://allianzpartners-bi.com/news/3d-printing-print-your-own-food-at-home-de27-333d4.html

(114) https://www.youtube.com/watch?v=_rZ80zqu7u8

(115) https://www.youtube.com/watch?v=OCyN6P60hJo

(116) http://stephaniewooddesign.co.uk/image-galleries/

(117) https://www.pinterest.co.kr/pin/367324913334898404/

(118) https://www.reddit.com/r/3Dprinting/comments/a6szai/fea_stress_ analysis_on_a_stratasys_j750/

(119) https://www.pinterest.co.kr/pin/464855992769785991/

(120) http://www.youtube.com/watch?v=_YiPLjozLdU

(121) https://top3dshop.com/blog/3d-printing-in-construction

(122) www.emirates247.com

(123) https://www.arnnet.com.au/slideshow/564266/chinese-company-reveals-3d-printed-buildings/?image=1

(124) https://www.businessinsider.com/dubai-largest-3d-printed-building-apis-cor-photos-2019-12#the-building-is-a-move-toward-sustainability-using-local-materials-and-efficient-insulation-to-reduce-energy-consumption-the-dubai-government-said-10

(125) https://www.slashgear.com/dubai-will-be-home-to-first-3d-printed-office-building-01391398/

(126) https://www.dnaindia.com/technology/report-dubai-opens-world-s-first-functioning-3d-printed-office-building-2216076

(127) https://likemyplace.wordpress.com/2014/03/24/3d-x-prefab-kamermaker-the-worlds-first-3d-printed-house-begins-construction-amsterdam-the-nl-2014/

(128) https://www.archdaily.com/772241/this-3d-printed-pavilion-provides-shade-during-the-day-and-illuminates-at-night/

(129) https://3dprintingindustry.com/news/worlds-first-3d-printed-house-begins-construction-22566/

(130) https://www.architectmagazine.com/technology/the-worlds-largest-3d-printed-structure_o

(131) https://www.dezeen.com/2018/04/17/mx3d-3d-printed-bridge-joris-laarman-arup-amsterdam-netherlands/

(132) https:// www.dezeen.com/2021/07/19/mx3d-3d-printed-bridge-stainless-steel-amsterdam/

(133) https://www.whiteclouds.com/topographical-models/index.html

(134) https://3dprintingindustry.com/news/3d-printer-helps-modeling-seouls-new-business-district-3478/

(135) https://lab3d.ch/lab3d/front-car-grill/?lang=en

(136) https://www.3dsystems.com/images/prox950dashboard

(137) https://3dprint.com/124086/3d-printed-urbee-2-car/

(138) http://3drevolutions.com/3d-printed-cars-henry-ford-eat-heart/

(139) https://3dprint.com/111644/3d-printing-revolutionize-auto/

(140) https://www.ponoko.com/blog/how-to-make/aerospace-industry-adopting-3d-print-technology/

(141) https://3dprintingindustry.com/news/3d-printed-jet-engine-certified-use-ge-concept-laser-deal-update-101792/

(142) https://xyzist.com/issue/

(143) https://www.dailymail.co.uk/sciencetech/article-3627187/World-s-3D-printed-plane-unveiled-Airbus-windowless-Thor-aircraft-pave-way-cheaper-faster-flights.html

(144) https://3dimensions.kr/index.php/2018/01/25/rocketlab-launch-still-testing-electron-3dprinting-rocket/

(145) https://www.forbes.com/sites/andygreenberg/2013/05/03/this-is-the-worlds-first-entirely-3d-printed-gun-photos/

(146) https://www.engadget.com/2013-05-06-the-liberator-the-first-completely-3d-printed-gun-gets-fired.html

(147) https://www.theatlantic.com/technology/archive/2013/11/dont-freak-out-but-the-first-3d-printed-metal-gun-totally-works/281266/

(148) https://techcrunch.com/2013/11/07/3d-printed-gun/?renderMode=ie11

(149) https://www.3dnatives.com/en/3d-printed-submarine260720174/

(150) http://www.thecommoditiesnews.com/news/articleView.html?idxno=603 (출처: 국방부 육도삼략365)

(151) http://bemil.chosun.com/nbrd/bbs/view.html?b_bbs_id=10002&pn=1&num=4959 (출처: 국방과 기술 2017년 3월호, 4월호)

(152) https://www.youtube.com/watch?v=kWGADPIFITU

(153) https://www.stratasysdirect.com/solutions/id-light

(154) https://www.3dprintingmedia.network/stratasys-philips-work-advance-3d-printed-medical-models/

(155) www.cavendishimaging.com

(156) https://wonderfulengineering.com/worlds-first-trial-3d-printed-bionic-hands-children-begins-uk/

(157) https://www.makepartsfast.com/whats-your-favorite-video-on-3d-printing/

(158) https://www.bbc.com/news/technology-16907104

(159) https://www.dezeen.com/2013/11/26/3d-printed-prosthetic-eyes/

(160) http://www.phidias.org, Phidias Rapid Prototyping in Medicine, No. 2, pp. 4, June, 1999

(161) Organ Bioprinting: Are We There Yet?, G. Gao, Y. Huang, A. F. Schilling,* K. Hubbell, and X. Cui*, Advanced healthcare materials, Vol. 7, 1-8, 2018

(162) 3D Printing of Personalized Thick and Perfusable Cardiac Patches and Hearts, Vol 6, No. 11, Advance Science, April 2019.

(163) Transplantation of chondrocytes utilizing a polymer-cell construct to produce tissue-engineered cartilage in the shape of a human ear, Y. Cao, J. P. Vacanti, K. T. Paige, J. Upton, C. A. Vacanti, Plastic and Reconstructive Surgery, 100 (2): 297-302, 1997.

(164) https://news.cornell.edu/stories/2013/02/bioengineers-physicians-3-d-print-ears-look-act-real

(165) https://www.pri.org/stories/2013-02-22/artificial-human-ear-bioengineered-help-3d-printer-video

(166) https://3dprintingindustry.com/news/10-ways-desktop-3d-printers- sparking-medical-revolution-83035/

(167) https://www.cellular3d.com/index.php/component/tags/tag/europe

(168) https://www.itp.net/586192-scientists-print-human-blood-vessels#!

(169) https://www.emergency-live.com/equipment/artificial-blood-vessels-created-with-a-3d-bio-printer-tecnology/

(170) https://www.imeche.org/news/news-article/artificial-blood-vessels-3d-printed-in-a-lab

(171) https://organovo.com/technology-platform/

(172) https://www.cellular3d.com/index.php/component/tags/tag/organovo

(173) Handheld instrument for wound-conformal delivery of skin precursor sheets improves healing in full-thickness burns, Richard Y Cheng, Gertraud Eylert, Jean-Michel Gariepy, Sijin He, Hasan Ahmad, Yizhou Gao, Biofabrication, Volume 12, Number 2, February 2020.

(174) https://www.cellular3d.com/index.php/medical-bioprinting/887-3d-printing-skin-rapidly-for-severe-burns

(175) https://3dprint.com/237258/a-look-into-some-movies-that-have-used-3d-printed-props/

(176) http://engatech.com/3d-printing-in-popular-movies/

(177) https://twitter.com/johns3dprinters/status/711988406352482304

(178) https://creatz3d.com.sg/tag/connex3/

(179) http://engatech.com/3d-printing-in-popular-movies/

(180) https://co.pinterest.com/pin/716353884448815487/

(181) https://www.sculpteo.com/blog/2018/05/29/top-6-of-the-best-3d-printed-art-projects/

(182) https://www.pinterest.co.kr/ferrarifontana/3d-printed-heads-portraits-and-figures/

(183) https://www.3dnatives.com/en/top-10-3d-printing-art-141020174/#!

(184) https://www.3dsystems.com

(185) https://www.3dnatives.com/en/top-10-3d-printing-art-141020174/#!

(186) https://interestingengineering.com/these-8-artists-are-3d-printing-masterpieces

(187) https://www.3dnatives.com/en/top-10-3d-printing-art-141020174/

(188) https://formlabs.com/blog/how-3d-printing-brings-antiquities-back-to-life/

(189) https://www.dailymail.co.uk/news/article-4231386/Italian-teams-restore-damaged-busts-ancient-Syrian-city.html

(190) https://3dprint.com/154857/verus-art-3d-printed-paintings/

(191) https://www.3dnatives.com/en/top-10-3d-printing-art-141020174/#!

(192) https://www.rapid3d.co.za/3d-printing-gaining-traction-in-agriculture/

(193) https://www.hexagrourbanfarming.com/

(194) https://3dprint.com/198409/ultimaker-2-farmshelf-parts/

(195) https://www.3ders.org/articles/20141003-minnesota-company-bringing-3d-printing-services-to-individual-farms.html

(196) https://cimquest-inc.com/formlabs-introduces-ceramic-resin-and-changes-everything/

(197) https://venturebeat.com/2011/05/12/print-your-own-tableware-with-shapeways/

(198) https://www.facebook.com/Darkside3DPrinting/

(199) https://www.ifitshipitshere.com/category/art/3d-printing/

(200) https://www.cgtrader.com/3d-print-models/tableware

(201) http://installationmag.com/francis-bitonti-the-algorithm-of-contemporary-design/

(202) https://3dprintingcanada.com/blogs/news/best-3d-printing-jewelry-makers

(203) https://www.makershop3d.com/content/33-3d-printer-jewellery

(204) https://www.augrav.com/blog/3d-printed-gold-accessories-that-will-complete-your-wedding-outfits

(205) https://3dprintingindustry.com/news/eos-cooksongold-put-bling-3d-printing-precious-metal-printer-33041/

(206) https://i.materialise.com/blog/en/3d-printing-copper/

(207) https://www.artstation.com/artwork/NgVGg

(208) https://www.youtube.com/watch?v=GlEhi_sAkU8

(209) https://www.smithsonianmag.com/innovation/Objects-That-Change-Shape-On-Their-Own-180951449/

(210) https://www.sculpteo.com/en/3d-learning-hub/best-articles-about-3d-printing/4d-printing-technology/ .

(211) https://www.sculpteo.com/en/3d-learning-hub/best-articles-about-3d-printing/4d-printing-technology/

제5장 (212) The Additive Manufacturing Landscape 2019, White Paper, 2019

(213) https://www.3dprintingmedia.network/the-additive-manufacturing-market-2019/

(214) https://www.globenewswire.com/news-release/2019/06/05/1864873/0/en/SmarTech-Analysis-Issues-Latest-Report-on-Metal-Additive-Manufacturing-Market.html

(215) https://www.fabbaloo.com/blog/2019/1/10/a-look-ahead-in-3d-printing-with-gartners-pete-basiliere

찾아보기

지은이 소개

• 양동열 • 양동열은 1973년 서울대학교에서 학사, KAIST에서 석사, 박사학위(1호 박사)를 받고, 1978년에 KAIST 기계공학과 조교수로 부임하여 부교수, 정교수로 2016년까지 재직하였으며, 2010년부터 2011년까지는 KAIST 연구부총장을 역임하였다. 재직 중 독일 훔볼트재단 초청으로 1980년에서 1981년까지 독일 스튜트가르트공대에서 초빙연구원으로 일했고, 1988년에서 1989년까지 프랑스 ENSMP대학에서 방문교수를 지냈다. 2002년부터 2014년까지 POSCO 석좌교수, 2016년부터 2021년 초까지 광주과학기술원(GIST)에서 석좌교수로 일하였다.

현재는 국제 생산공학회(CIRP)의 펠로우로 활동하고 있으며, 한국과학기술한림원의 종신회원으로 활동 중이다. 소성가공 분야에서 46년 이상 일해왔고 1990대 초 국내에서 처음으로 3D 프린팅 연구를 시작한 이후 30년 가까이 3D 프린팅연구를 해왔으며 154개의 특허를 출원하였다. 국내외 학술지에 480여 편을 게재하고 국내외 학술대회에 590여 편의 논문을 발표한 바 있다.

상훈으로는 한국공학상, 과학기술훈장 1등급 창조상, KAIST 신지식인상 등이 있다.

3D 프린팅의 이해와 전망

초 판 인 쇄 2021년 9월 6일
초 판 발 행 2021년 9월 13일

저   자 양동열
발 행 인 김기선
발 행 처 GIST PRESS

등 록 번 호 제2013-000021호
주   소 광주광역시 북구 첨단과기로 123(오룡동)
대 표 전 화 062-715-2960
팩 스 번 호 062-715-2069
홈 페 이 지 https://press.gist.ac.kr/
인쇄 및 보급처 도서출판 씨아이알(Tel. 02-2275-8603)

I S B N 979-11-90961-08-0 (93550)
정   가 13,000원